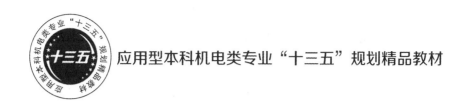

应用型本科机电类专业"十三五"规划精品教材

数控技术及自动编程项目化教程

SHUKONG JISHU JI ZIDONG BIANCHENG
XIANGMUHUA JIAOCHENG

主　编　周俊荣　齐晶薇
副主编　石从继　谢卫容

华中科技大学出版社
http://www.hustp.com
中国·武汉

内 容 简 介

本书从培养高质量应用型人才要求出发,将"数控技术""数控加工工艺""数控自动编程"等课程内容进行整合,以理论知识够用、篇幅适用为原则,采用模块化项目式教学方式,通过具体项目案例讲述数控技术与编程相关知识及编程技巧。

本书针对工科院校开设的数控技术类课程编写,全书由五大模块组成,模块一和模块二从认识数控机床入手,分析数控机床的基本原理和控制技术;模块三介绍数控加工工艺基础;模块四介绍数控编程基础知识及数控车床、数控铣床、数控加工中心编程技巧;模块五介绍数控自动编程常用软件 MasterCAM X4 的常用命令及使用方法,包括二维造型、实体造型、曲面造型、二维铣削加工、三维曲面加工等。另外,本书每个模块后面附有习题思考,并提供模块五中所有模型的电子文档文件供课后学习。本书可作为高等院校机械类专业数控技术类课程的教材,也可作为相关工程技术人员的自学参考书。

图书在版编目(CIP)数据

数控技术及自动编程项目化教程/周俊荣,齐晶薇主编.—武汉:华中科技大学出版社,2019.6(2025.1重印)
应用型本科机电类专业"十三五"规划精品教材
ISBN 978-7-5680-5180-4

Ⅰ.①数… Ⅱ.①周… ②齐… Ⅲ.①数控机床-程序设计-高等学校-教材 Ⅳ.①TG659.022

中国版本图书馆 CIP 数据核字(2019)第 102266 号

数控技术及自动编程项目化教程
Shukong Jishu ji Zidong Biancheng Xiangmuhua Jiaocheng

周俊荣 齐晶薇 主编

策划编辑:袁 冲
责任编辑:狄宝珠
封面设计:孢 子
责任监印:朱 玢
出版发行:华中科技大学出版社(中国·武汉)　　电话:(027)81321913
　　　　　武汉市东湖新技术开发区华工科技园　　邮编:430223
录　　排:武汉正风天下文化发展有限公司
印　　刷:武汉市洪林印务有限公司
开　　本:787mm×1092mm 1/16
印　　张:14
字　　数:358千字
版　　次:2025 年 1 月第 1 版第 4 次印刷
定　　价:39.00 元

数控机床的高精度、高效率决定了发展数控机床是当前机械制造技术改造的必由之路，它是实现制造业自动化的基础。现代数控机床的大量使用，对机械类专业应用型本专科学生在数控机床方面的学习也提出了新的要求，要求学生具备一定的数控技术的理论知识及应用方面的基本知识和技能。而传统的数控技术相关教材是以数控机床为研究对象，学习过程中涉及的学科范围较广，学生学习起来难度较大。为了培养学生的职业能力，让学生更好地满足社会需求，针对机械专业学生，应当将掌握数控加工技能作为数控类课程的教学重点。

本教材根据数控技术的特点，以能力培养为主，结合专业理论知识，采用模块化项目式教学结构编写。按照数控技能掌握层次将教学分为四个阶段：数控机床结构的认识、数控工艺基础、数控编程基础和 CAD/CAM 设计制造。按照项目任务驱动方式编写教材，适应数控技术人才的培养方向，从数控机床的结构及工作原理、编制零件的加工工艺、手工编程到数控自动编程，层次逐渐上升提高。本书采用模块化项目式结构编写，可以满足当今应用型教学的需要，教材内容丰富，知识点完整，思路清晰，适应"新工科"教学发展需求。

本教材由周俊荣、齐晶薇担任主编，由石从继、谢卫容担任副主编。具体分工如下：模块一、模块五由周俊荣编写；模块二由谢卫容编写；模块三由齐晶薇编写；模块四和附录由石从继编写。

由于作者水平有限，书中如有疏漏之处，恳请广大读者予以指正。

编　者
2018 年 10 月

目录 MULU

模块一　认识数控机床

◀ 项目一　数控机床简介 ▶

【教学提示】

数控机床是采用数字控制技术对机床各移动部件相对运动进行控制的机床,它是典型的机电一体化产品,是现代制造业的关键设备。计算机、微电子、信息、自动控制、精密检测及机械制造技术的发展,加速了数控机床的发展。目前数控机床正朝着高速度、高精度、高复合化、高智能化和高可靠性等方向发展。

【项目任务】

请说出图 1.1 所示设备名称。该设备由哪几部分组成? 试阐述其工作原理。

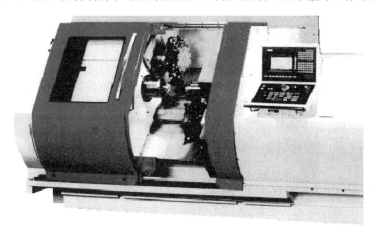

图 1.1　机床设备

【任务分析】

要完成该项目任务,应了解数控技术的基本概念,掌握数控机床的种类、数控机床的组成及各部分的工作原理。

任务一　数控技术概述

1. 数控技术

广义的数控技术指用数字、文字和符号组成的数字指令来实现一台或多台机械设备动作控制的技术,主要应用于机床、自动化生产线、机器人、火炮、雷达跟踪等自动化设备。

狭义的数控技术是利用数字化的信息对机床运动及加工过程进行控制的一种方法,即数控机床。

1) 数控技术是基础

数控技术是制造业实现自动化、柔性化、集成化生产的基础,现代的 CAD/CAM(计算机辅助设计与制造)、DNC(分布式数控)、FMS(柔性制造系统)、CIMS(计算机集成制造系统)等都是建立在数控技术之上的。

2) 数控技术是商品

数控技术是国际贸易的重要构成,发达国家把数控机床视为具有高技术附加值、高利润的重要出口产品,世界贸易额逐年增加。1995 年以来,我国已经成为数控机床的世界第二大消费国和第二大进口国。

3) 数控技术是产业的水准

数控技术是提高产品质量、劳动生产率必不可少的物质手段,是国家的战略技术。基于它的相关产业是体现国家综合国力水平的重要基础性产业。

数控技术是关系到国家战略地位和体现国家综合国力水平的重要基础性产业,其水平高低是衡量一个国家制造业现代化程度的核心标志。专家们曾预言:机械制造的竞争,其实质是数控技术的竞争。

2. 数控机床

数字控制机床(numerical control machine tools)简称数控机床。数控技术是一种将数字计算技术应用于机床的控制技术。它把机械加工过程中的各种控制信息用代码化的数字表示,通过信息载体输入数控装置。经运算处理由数控装置发出各种控制信号,控制机床的动作,按图样要求的形状和尺寸,自动地对零件进行加工。数控机床较好地解决了复杂、精密、小批量、多品种的零件加工问题,是一种柔性的、高效能的自动化机床,代表了现代机床控制技术的发展方向,是一种典型的机电一体化产品。

图 1.2(a)所示成型零件的加工方法,可以有图 1.2(b)所示成型车刀加工、图 1.2(c)所示靠模板加工、图 1.2(d)所示数控车床加工等几种。采用数控机床加工零件时,只需要将零件图形和工艺参数、加工步骤等以数字信息的形式编成程序代码输入到机床控制系统中,数控机床便按照事先编好的加工程序,自动地对被加工零件进行加工。采用数控机床加工,具有零件的加工精度高、指令稳定;能完成普通机床难以完成或根本不能加工的复杂零件;生产效率高、对产品改型设计的适应性强;有利于制造技术向综合自动化方向发展等优点。因此数控机床得到广泛应用。

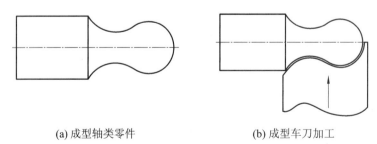

(a) 成型轴类零件　　　　　　　　　　(b) 成型车刀加工

图 1.2　成型零件加工

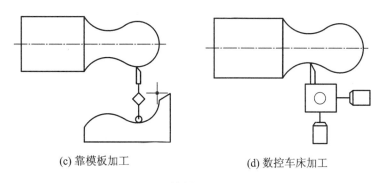

(c) 靠模板加工　　　　　　　　(d) 数控车床加工

续图 1.2

任务二　数控机床的产生与发展

1. 数控机床的产生

在机械制造业中,广泛采用了自动机床、组合机床和以专用机床为主体的自动生产线,用多刀、多工位和多面同时加工,成年累月地进行着单一产品零件的高效率和高度自动化的生产。但这种生产方式需要巨大的初期投资和很长的生产准备周期,因此,它仅适用于批量较大的零件生产。

在机械制造工业中,单件与小批量生产的零件仍然占机械加工总量的 80% 左右,尤其是航空、航天、船舶、机床、重型机械、食品加工机械、包装机械和军工产品等,不仅加工批量小,而且加工零件形状比较复杂,精度要求也很高,还需要经常改型。如果仍采用专用化程度很高的自动化机床加工这类产品的零件就显得很不合理。经常改装和调整设备,对于这种专用的生产线来说,不仅会大大提高产品的成本,甚至是不可能实现的。市场经济体制日趋成熟,绝大多数的产品都已从卖方市场转向买方市场,产品的竞争十分剧烈,迫使生产企业不断更新产品,提高产品的性能价格比,以满足用户的需求。由于这种以大批量生产为主的生产方式使产品的改型和更新变得十分困难,用户所得到的价格相对低廉的产品是以牺牲用户对产品的某些性能为代价换取的,因此,企业为了保持产品的市场份额,即使是以大批量生产为主的企业也必须改变产品长期一成不变的传统做法。这样一来,这种"刚性"的自动化生产方式在批量生产中也日益暴露其不适应性。

多年来已经使用的各类仿形加工机床部分地解决了中小批量复杂零件的加工问题,但在改变加工零件时必须制造靠模和调整机床,这不但耗费了大量的手工劳动,增加了生产准备周期,而且靠模误差的影响使加工零件的精度很难达到较高的要求。

数控技术和数控机床的诞生使解决上述问题,实现多品种、小批量产品零件的自动化生产成为可能。数控机床是一种用计算机以数字指令方式控制的机床,它一经产生就以惊人的速度向前发展,成为一种灵活的、通用的、能够适应产品频繁改型的"柔性"自动化机床。数字控制(numerical control,NC)在机床领域是指用数字化信号对机床运动及其加工过程进行控制。近 20 年来已发展为计算机数控(computer numerical control,CNC),它是用一个存储程序的专用计算机,由控制程序来实现部分或全部基本控制功能,并通过接口与各种输入/输出设备建立联系,更换不同的控制程序,可以实现不同的控制功能。

数控机床的研制最早是从美国开始的。20 世纪 40 年代世界上首台数字电子计算机的诞生,使数控机床的出现成为可能。1948年美国帕森斯公司在研制加工直升机叶片轮廓检验样板的机床时,首先提出了用电子计算机控制机床加工复杂曲线样板的新理念,受美国空军的委托与麻省理工学院伺服机构研究所进行合作研制,在1952年研制成功了世界上第一台专用电子计算机控制的三坐标立式数控铣床。研制过程中采用了自动控制、伺服驱动、精密测量和新型机械结构等方面的技术成果。后来又经过改进,1955年实现了产业化,并批量投放市场,但由于技术上和价格上的原因,只局限在航空工业中应用。数控机床的诞生,对复杂曲线、型面的加工起到了非常重要的作用,如图1.3所示,同时也推动了美国航空工业和军事工业的发展。

(a) "黑鹰"直升机   (b) 螺旋桨(推进器)

图1.3　数控机床加工的曲面

2. 数控机床的发展

1) 数控机床结构的发展

数控机床在发展的最初阶段,一般是在传统的机床上配备数控系统,并对某些结构进行改进而成为一台数控机床。随着对数控机床功能要求的不断提高,传统机床的结构刚度、抗振性、热变形以及低速爬行等性能已不能满足数控机床的要求。这是由于数控机床是完全按照数控装置发出的指令,在没有人为干预的情况下自动进行加工的,因此数控机床在机械结构上必须比传统机床具有更好的静刚度、动刚度和热刚度。

20世纪60年代初期,在一般数控机床的基础上又开发了数控加工中心机床,这是对数控机床的重大发展,数控加工中心机床至今仍然被公认为功能最完善的自动化单机。它是在一般数控机床(如镗床、铣床和车床等机床)上加装刀具数量不等的刀库和自动换刀装置。工件在一次装夹中可以连续地进行铣、镗、钻、铰以及攻螺纹等多工序的加工。与一般数控机床相比,减少了机床的占地面积、机床的台数、在制品的库存量、工序间的各种辅助时间,最终有效地提高了生产效率。

进入20世纪70年代后期,在数控加工中心机床的基础上又发展了五面体加工中心。它可以在一次装夹中完成除了安装底面以外的所有表面和精密孔系加工。由于采用了刚性极好的床身、立柱等结构和立式/卧式转换主轴部件或立式/卧式一体化主轴部件,对于如加工箱体零件、汽车覆盖件模具和船用柴油机缸体等工件具有很高的加工精度、机床利用率和综合经济效益。

计算机数控多轴联动技术和复杂坐标变换运算方法的发展,使20世纪60年出现的

Stewart 平台概念(即同时改变六根杆子长度,实现六个自由度运动)到 20 世纪 90 年代初应用在数控机床上成为可能。六杆数控机床(又称并联数控机床,如图 1.4 所示)是 20 世纪最具革命性的对机床运动结构的突破。

图 1.4 我国第一台并联数控机床

2)数控系统的发展

数控系统由专用计算机硬线数控发展为以超大规模集成电路微处理器为核心的计算机数控,也称为软线数控或现代数控。数控机床自 20 世纪 70 年代采用计算机数控之后,发展成为现代数控机床,它从根本上解决了数控机床的可靠性、性价比和编程等关键问题,因而在世界各国都得到普遍应用和推广。

自 20 世纪 90 年代以来,个人计算机(PC 机)的性能已发展到了相当高的水平,其硬件性能和软件资源都足以满足数控系统的需要。

基于 PC 机平台的数控系统不仅使控制轴的数目大大增多,而且其功能也远远超出了控制刀具运动轨迹和机床动作的范畴,并且能够完成自动编程、自动检测、故障诊断与通信等功能。

为满足现代化机械加工的多样化需求,新一代数控机床的机械结构更趋向于"开放式"。机床结构按模块化、系列化原则进行设计与制造,以便缩短供货周期,最大限度满足客户的工艺要求。

智能数控系统是指具有拟人智能特征,智能数控系统通过对影响加工精度和效率的物理量进行检测、建模、提取特征,自动感知加工系统内部状态及外部环境,快速做出实现最佳目标的智能决策,对进给速度、背吃刀量、坐标移动、主轴转速等工艺参数进行实时控制,使机床加工过程处于最佳状态。

3)伺服系统的发展

20 世纪 60 年代初期,曾在数控机床上采用液压伺服系统,液压伺服系统与当时传统的直流电机相比,具有响应时间短、输出相同扭矩的伺服部件的外形尺寸小等优点。但由于液压伺服系统存在着发热量大、效率低、污染环境和不便于维修等缺点,因此逐步被步进电机和新型伺服电机所代替。

20 世纪 60 年代中期,在数控机床上也曾经广泛使用小惯量直流电机,它通常做成无槽圆柱电枢和带印刷绕组的盘状电枢结构。20 世纪 60 年代后期,小功率伺服型步进电机和液压扭矩放大器所组成的开环系统曾一度广泛应用于数控机床。其最有代表性的是日本FANUC公司的电液脉冲马达伺服系统。自20世纪70年代以来,大惯量直流电机一直广泛应用于各类数控机床上,并取得了良好的效果。

自20世纪80年代以来,用计算机对交流电机的磁场进行矢量控制的技术取得重大突破,使长期以来人们一直试图用交流电机取代直流电机应用在调速和伺服控制中的设想得以实现,使交流调速及其伺服电机开始广泛应用于各种类型的数控机床的主轴驱动和进给运动。

任务三　数控机床的组成

现代数控机床,即CNC机床,是由普通机床、硬线数控机床发展演变而来的,它采用计算机数字控制方式,用单独的伺服电机驱动实现各个坐标方向的运动。如图1.5所示,CNC机床由信息输入设备、数控装置、伺服驱动及检测装置、机床本体、机电接口等五大部分组成。

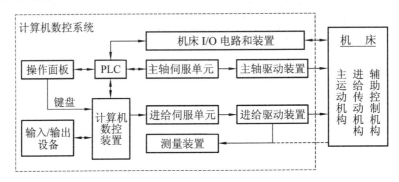

图 1.5　数控机床计算机控制系统的组成

1. 信息输入设备

信息输入是将加工零件的程序和各种参数、数据通过输入设备送到数控装置,输入方式有穿孔纸带、磁盘、键盘(MDI)、手摇脉冲发生器等。

2. 数控装置

数控装置是一种专用计算机,一般由中央处理单元(CPU)、存储器、总线和输入/输出接口等构成。为了完成各种形状的零件加工,该部分必须具备多种主要功能,如多轴联动和多坐标控制功能、多种函数插补功能、刀具补偿功能、故障诊断功能、通信和联网功能等。数控装置是整个数控机床数控系统的核心,决定了机床数控系统功能的强弱。

3. 伺服驱动及检测装置

伺服驱动及检测装置是数控机床的关键部分,它影响数控机床的动态特性和轮廓加工精度。伺服驱动装置是指主轴伺服驱动电路和主轴电机、进给伺服驱动电路和进给电机。检测装置是指位置测量装置和速度测量装置,它是实现闭环控制的必要装置。

4. 机床本体

机床本体包括机床的主运动部件、进给运动部件、执行部件和其他相关的底座、立柱、刀架、工作台等基础部件。数控机床是一种高精度、高效率和高度自动化的机床,要求机床的机械结构应具有较高的精度和刚度,精度保持性要好,主运动、进给运动部件运动精度要高。

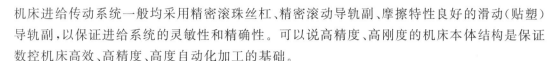

机床进给传动系统一般均采用精密滚珠丝杠、精密滚动导轨副、摩擦特性良好的滑动(贴塑)导轨副,以保证进给系统的灵敏性和精确性。可以说高精度、高刚度的机床本体结构是保证数控机床高效、高精度、高度自动化加工的基础。

5. 机电接口

数控机床除了实现加工零件轮廓轨迹的数字控制外,还有许多功能由可编程控制器(简称 PLC)来完成的逻辑顺序控制,如自动换刀,冷却液开、关,离合器的开、合,电磁铁的通、断,电磁阀的开、闭等。这些逻辑开关量的动力是由强电线路提供的,必须经过接口电路转换成 PLC 可接收的信号。

任务四 数控机床的分类

数控机床品种繁多、功能各异。可以从不同的角度对其进行分类。

1. 按工艺用途分类

按工艺用途分类,最常用的数控机床分为数控钻床、数控车床、数控铣床、数控镗床、数控磨床、数控齿轮加工机床、数控雕刻机等金属切削类机床,如图 1.6 所示。尽管这些机床在加工工艺方面存在着很大的差异,具体的控制方式也各不相同,但它们都适用于单件、小批量和多品种的零件加工,具有很好的加工尺寸的一致性、很高的生产率和自动化程度。除

(a) 数控车床

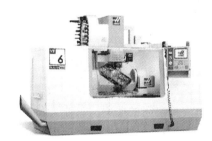

(b) 加工中心

(c) 数控卷簧机

(d) 快速成型机

图 1.6 各类数控机床

了金属切削加工的数控机床外,数控技术也大量用于冲床、压力机、弯管机、折弯机、线切割机、焊接机、火焰切割机、等离子切割机、激光切割机和高压水切割机等非金属切削机床。近年来,在非加工设备中也大量采用数控技术,其中最常见的有自动装配机、多坐标测量机、自动绘图机、数控印染机、快速成型机和工业机器人等。

2. 按运动方式分类

数控机床按运动方式分类,可分为点位控制数控机床、二维轮廓控制数控机床和三维轮廓控制数控机床,如图 1.7 所示。

1) 点位控制(position control)

点位控制数控机床的特点是机床的运动部件只能够实现从一个位置到另一个位置的精确定位,在运动和定位过程中不进行任何加工工序。最典型的点位控制数控机床有数控钻床、数控坐标镗床、数控点焊机和数控弯管机等。

2) 二维轮廓控制(2D contour control)

二维轮廓控制数控机床的特点是机床的运动部件不仅要实现一个坐标位置到另一个坐标位置的精确移动和定位,而且能实现平行于坐标轴的直线进给运动或控制两个坐标轴实现斜线的进给运动。在数控镗床上使用二维轮廓控制可以扩大镗床的加工范围,能够在一次安装中对棱柱形工件的平面与台阶进行铣削加工,然后再进行点位控制的钻孔、镗孔等加工,有效地提高了加工精度和生产效率。

3) 三维轮廓控制(3D contour control)

三维轮廓控制数控机床的特点是机床的运动部件能够实现两个或两个以上的坐标轴同时进行联动控制。它不仅要求控制机床运动部件的起点与终点坐标位置,而且要求控制整个加工过程每一点的速度和位移量,即要求控制运动轨迹,将零件加工成在平面内的直线、曲线表面或在空间的曲面。三维轮廓控制要比二维轮廓控制更为复杂,需要在加工过程中不断进行多坐标轴之间的插补运算,实现相应的速度和位移控制。三维轮廓控制包含了实现点位控制和二维轮廓控制。数控铣床、数控车床、数控磨床和各类数控切割机是典型的三维轮廓控制数控机床,它们取代了所有类型的仿形加工,提高了加工精度和生产效率,并极大地缩短了生产准备时间。

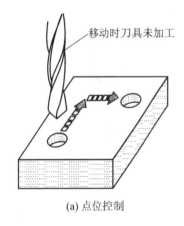

(a) 点位控制　　　　(b) 二维轮廓控制　　　　(c) 三维轮廓控制

图 1.7　数控机床按运动方式分类

3. 按控制方式分类

1）开环控制系统（opened loop control system）

开环控制系统是指不带位置反馈装置的控制方式,如图1.8(a)所示。由功率型步进电机作为驱动元件的控制系统是典型的开环控制系统。信号流是单向的(数控装置→进给系统),开环控制具有结构简单、系统稳定、容易调试、成本低等优点。

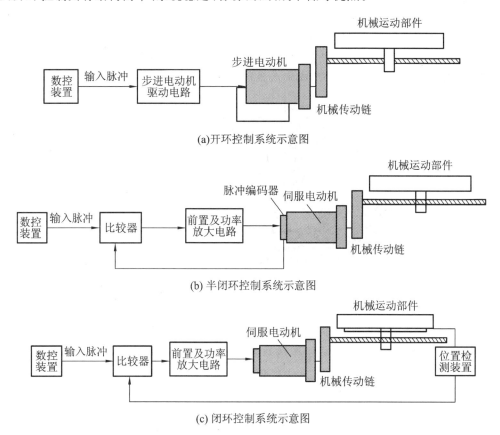

(a)开环控制系统示意图

(b) 半闭环控制系统示意图

(c)闭环控制系统示意图

图 1.8　数控机床按控制方式分类

2）半闭环控制系统（semi-closed loop control system）

半闭环控制系统是在开环控制伺服电机轴上装有角位移检测装置,通过检测伺服电机的转角间接地检测出运动部件的位移(或角位移)反馈给数控装置的比较器,与输入指令进行比较,用差值控制运动部件,如图1.8(b)所示。随着脉冲编码器的迅速发展和性能的不断完善,作为角位移检测装置能方便地直接与直流或交流伺服电机同轴安装。半闭环数控系统的位置采样点是从驱动装置(常用伺服电机)或丝杠引出,惯性较大的机床移动部件不在检测范围之内。但是目前广泛采用的滚珠丝杠螺母机构具有很好的精度和精度保持性,而且采取了可靠的消除反向运动间隙的结构,完全可以满足绝大多数数控机床用户的需求。因此,半闭环控制正成为首选的控制方式被广泛地采用。

3）闭环控制系统（closed loop control system）

闭环控制系统是在机床最终的运动部件的相应位置直接安装直线或回转式检测装置,将直接测量到的位移或角位移反馈到数控装置的比较器中,与输入指令位移量进行比较,用差值控制运动部件,如图1.8(c)所示,使运动部件严格按实际需要的位移量运动。闭环控制的主要优点是将机械传动链的全部环节都包括在闭环之内,因而从理论上说,闭环控制系统的运动精度主要取决于检测装置的精度,而与机械传动链的误差无关,其控制精度超过半闭环控制系统,为高精度数控机床提供了技术保障。

【项目实施】

(1) 图1.9所示设备为数控车床。

(2) 如图1.9所示,该设备由信息输入装置、数控装置、伺服驱动装置及检测装置(图中未显示)、机床本体和机电接口装置(图中未显示)组成。

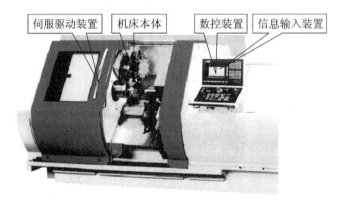

图1.9 数控车床各部分组成

(3) 数控程序通过信息输入装置传入到数控装置,数控装置经过计算结合机电接口装置的控制,控制伺服电机转动,完成机床运动部件的运动,实现零件的加工,检测装置检测运动位置的准确定位反馈给数控装置,从而保证数控机床加工的精度。图1.10所示为数控机床工作原理方框图。

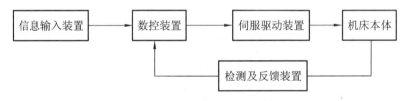

图1.10 数控机床工作原理方框图

◀ 项目二 数控机床的机械结构 ▶

【教学提示】

数控机床的机械结构主要由机床基础件、主传动装置、进给传动装置、自动换刀装置及其他辅助装置等组成。各机械部件相互协调,组成一个复杂的机械系统,在数控系统的指令控制下,实现零件的切削加工。

【项目任务】

图 1.11 所示为数控车床传动系统简图,试指出系统控制的主轴传动如何实现,系统控制的刀架 Z 轴移动传动如何实现,刀架 X 轴的进给传动如何实现。

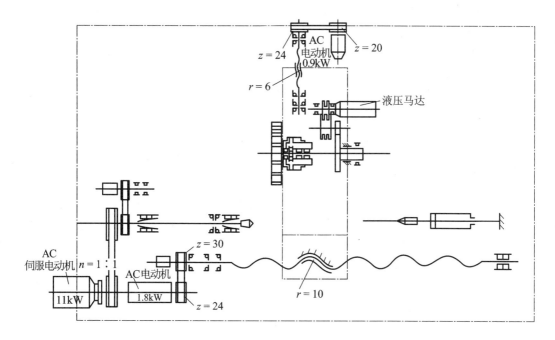

图 1.11 数控车床传动系统简图

【任务分析】

要完成该项目任务,应了解数控机床的机械结构,掌握数控机床传动系统机械结构的原理。

任务一 数控机床总体布局

1. 数控机床机械结构特点

从本质上说,数控机床与普通机床一样,也是一种经过切削将金属材料加工成各种不同形状零件的设备。近年来,随着电主轴、直线电机等新技术、新产品在数控机床上的推广应用,数控机床的机械结构正在发生重大的变化;虚拟轴机床的出现,使传统的机床结构面临着更严峻的挑战。

1)数控机床机械结构的主要特点

(1)结构简单,操作方便,自动化程度高。

(2)广泛采用高效、无间隙传动装置和新技术、新产品。

(3)具有适应无人化、柔性化加工的特殊部件。

(4)对机械结构、零部件的要求高。

2）数控机床对机械结构的基本要求

（1）具有较高的静、动刚度和良好的抗振性。

（2）具有良好的热稳定性。

（3）具有较高的运动精度与良好的低速稳定性。

（4）具有良好的操作、安全防护性能。

3）提高数控机床性能的措施

（1）合理选择数控机床的总体布局。

（2）提高结构件的刚度。

（3）提高机床抗振性。

（4）改善机床的热变形性能。

（5）保证运动的精度和稳定性。

选择机床的总体布局是机床设计的重要步骤，它直接影响到机床的结构和性能。合理选择机床布局，不但可以使机床满足数控化的要求，而且能使机械结构更简单、合理、经济。如前所述，早期的数控机床是在通用机床的基础上，经过局部结构改进而成的，它与普通机床有很多相似之处。随着数控技术的发展，特别是近年来，高速加工机床的出现，使数控机床的总体结构形式灵活多样，变化较大，出现了许多独特的结构。

2. 数控车床的常用布局形式

数控车床常用的布局形式有平床身、斜床身和立式床身三种，如图 1.12 所示。

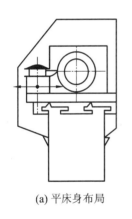 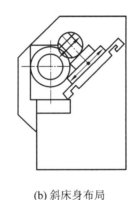 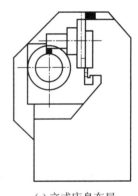

(a) 平床身布局　　　　　　　　(b) 斜床身布局　　　　　　　　(c) 立式床身布局

图 1.12　数控车床常用布局

这三种布局方式各有特点，一般经济型、普及型数控车床以及数控化改造的车床，大都采用平床身：床身工艺性好，便于导轨面的加工，下部空间小，故排屑困难，刀架水平放置加大了机床宽度方向的结构尺寸。

性能要求较高的中、小规格数控车床采用斜床身（有的机床是用平床身斜滑板），斜床身布局的数控车床（导轨倾斜角度通常选择 45°、60°或 75°）不仅可以在同等条件下改善受力情况，而且可通过整体封闭式截面设计，提高床身的刚度。特别是自动换刀装置的布置较方便，而平床身、立式床身布局的机床受结构的局限，布置比较困难，限制了机床的性能。因此，斜床身布局的数控车床应用比较广泛。

大型数控车床或精密数控车床采用立式床身。

3. 卧式数控镗铣床(卧式加工中心)的常用布局形式

卧式数控镗铣床(卧式加工中心)的布局形式种类较多,其主要区别在于立柱的结构形式和 X、Z 坐标轴的移动方式上(Y 轴移动方式无区别)。常用的立柱有单立柱和框架结构双立柱两种形式,如图 1.13(a)、(b)所示。Z 坐标轴的移动方式有两种:工作台移动式,如图 1.13(a)、(b)所示;立柱移动式,如图 1.13(c)所示。以上几种基本形式通过不同组合,还可以派生其他多种形式,如 X、Z 两轴都采用立柱移动,工作台完全固定的结构形式,或者 X 轴为立柱移动,Z 轴为工作台移动的结构形式等。

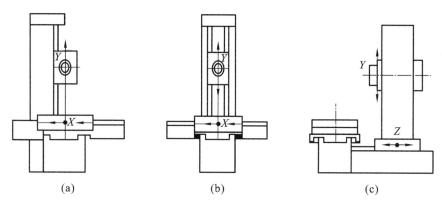

(a)　　　　　　　　(b)　　　　　　　　(c)

图 1.13　卧式数控镗铣床(卧式加工中心)布局

在图 1.13 所示的三种中、小规格卧式数控镗铣床(卧式加工中心)常见的布局形式中,图 1.13(a)所示的结构形式和传统的卧式镗床相同,多见于早期的数控机床或数控化改造的机床;图 1.13(b)采用了框架结构双立柱、Z 轴工作台移动式布局,是中、小规格卧式数控机床常用的结构形式;图 1.13(c)采用了 T 形床身、框架结构双立柱、立柱移动式(Z 轴)布局,是卧式数控机床的典型结构。

框架结构双立柱采用了对称结构,主轴箱在两立柱中间上下运动,与传统的主轴箱侧挂式结构相比,大大提高了结构刚度。另外,主轴箱是从左、右两导轨的内侧进行定位,热变形产生的主轴轴线变位被限制在垂直方向上,因此,可以通过对 Y 轴的补偿,减小热变形的影响。

T 形床身布局可以使工作台沿床身做 X 方向移动,在全行程范围内,工作台和工件完全支承在床身上,因此,机床刚性好,工作台承载能力强,加工精度容易得到保证。而且,这种结构可以很方便地增加 X 轴行程,便于机床品种的系列化、零部件的通用化和标准化。

立柱移动式结构的优点是:首先,这种形式减少了机床的结构层次,使床身上只有回转工作台、工作台,共三层结构,它比传统的四层十字工作台更容易保证大件结构刚性;同时又降低了工件的装卸高度,提高了操作性能。其次,Z 轴的移动在后床身上进行,进给力与轴向切削力在同一平面内,承受的扭曲力小,镗孔和铣削精度高。最后,由于 Z 轴导轨的承重是固定不变的,它不随工件重量改变而改变,因此有利于提高 Z 轴的定位精度和精度的稳定性。但是,由于 Z 轴承载较重,对提高 Z 轴的行进速度不利,这是其不足之处。

4. 立式数控镗铣床(立式加工中心)的常用布局形式

立式数控镗铣床(立式加工中心)的布局形式与卧式数控镗铣床类似,图1.14所示是三种常见的布局形式。

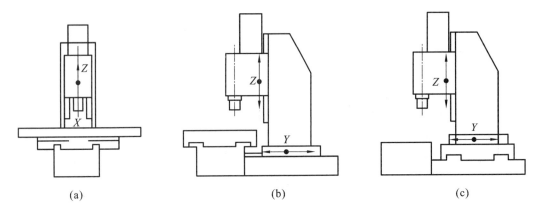

(a)　　　　　　　　　　(b)　　　　　　　　　　(c)

图1.14　立式数控镗铣床(立式加工中心)布局

这三种布局形式中,图1.14(a)所示的结构形式是常见的工作台移动式立式数控镗铣床(立式加工中心)的布局,为中、小规格机床的常用结构形式;图1.14(b)采用了T形床身,Z轴为立柱移动式。图1.14(c)则采用了T形床身,X、Y、Z三轴都是立柱移动式的布局,多见于长床身(大X轴行程),或采用交换工作台的立式数控机床。这三种布局形式的结构特点,基本和卧式数控镗铣床(卧式加工中心)的对应结构相同。

同样,为了提高效率,立式加工中心也经常采用双交换工作台。双交换工作台布局形式和图1.13所示的卧式数控镗铣床(卧式加工中心)的结构、布置方法相类似。

任务二　数控机床的主传动系统

1. 主传动的基本要求和变速方式

1) 定义、功用、组成

(1) 定义。

主传动系统:指驱动主轴运动的系统。

主轴:指带动刀具和工件旋转,产生切削运动且消耗功率最大的运动轴。

(2) 功用。

传递动力:传递切削加工所需要的动力。

传递运动:传递切削加工所需要的运动。

运动控制:控制主运动的大小、方向、开停。

(3) 组成。

动力源:电机。

传动系统:定比传动机构、变速装置。

运动控制装置:离合器、制动器等。

执行件:主轴。

2) 对主传动系统的要求

(1) 主轴一般都要求能自动实现无级变速;1:(100～1000)的恒转矩调速范围和1:10

的恒功率调速范围。

（2）要求机床主轴系统必须具有足够高的转速和足够大的功率,以适应高速、高效的加工需要。

（3）为了降低噪声、减少发热、减少振动,主传动系统应简化结构,减少传动件。

（4）在加工中心上,还必须具有安装刀具和刀具交换所需的自动夹紧装置,以及主轴定向准停装置,以保证刀具和主轴、刀库、机械手的正确啮合。

（5）为了扩大机床功能,实现对 C 轴位置（主轴回转角度）的控制,主轴还需要安装位置检测装置,以便实现对主轴位置的控制。

3）主传动的无级变速方法

（1）采用交流主轴驱动系统实现无级变速传动,在早期的数控机床或大型数控机床（主轴功率超过 100 kW）上,也有采用直流主轴驱动系统的情况。

（2）在经济型、普及型数控机床上,为了降低成本,可以采用变频器带变频电机或普通交流电机实现无级变速的方式。

（3）在高速加工机床上,广泛使用主轴和电机一体化的新颖功能部件——电主轴。电主轴的电机转子和主轴一体,无须任何传动件,可以使主轴达到数万转,甚至十几万转的高速。

2. 主轴的连接形式

常见的数控机床主传动的四种配置方式如图 1.15 所示。

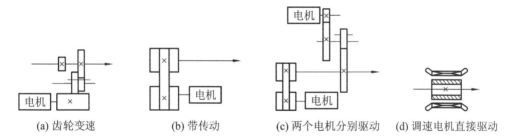

(a) 齿轮变速　　　(b) 带传动　　　(c) 两个电机分别驱动　　(d) 调速电机直接驱动

图 1.15　数控机床主传动配置方式

1）用辅助机械变速机构连接

（1）电机＋变速齿轮＋主轴。

应用于大、中型数控机床上,目的是使主轴在低速时获得大扭矩和扩大恒功率调速范围,满足机床重切削时对扭矩的要求。如图 1.16 所示。

通常采用 2～3 级齿轮变速。

（2）用两个电机分别驱动主轴传动。

高速时,由一个电机通过带传动;低速时,由另一个电机通过齿轮传动,如图 1.15（c）所示,齿轮起到降速和扩大变速范围的作用,使恒功率区增大,扩大了变速范围,避免了低速时转矩不够且电机功率不能充分利用的问题。

2）定传动比的连接形式

（1）无级调速电机＋带传动＋主轴。

小型数控机床中一般采用同步齿形带,多见于数控车床。减少了噪声和振动。如图 1.17(a) 所示。

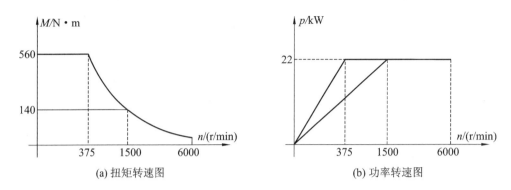

图 1.16　扭矩、功率转速分析图

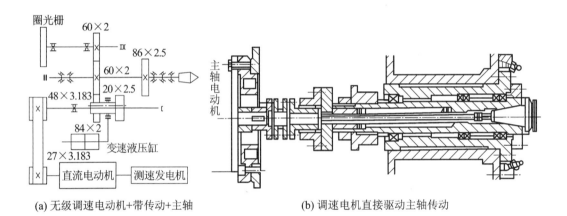

(a) 无级调速电动机+带传动+主轴　　　　(b) 调速电机直接驱动主轴传动

图 1.17　定传动比连接

（2）调速电机直接驱动主轴传动。

大大简化了主轴箱体与主轴的结构，有效地提高了主轴部件的刚度，但主轴输出的扭矩小，电机发热对主轴的精度影响较大。如图 1.17(b)所示。

3）采用电主轴

主轴电机与机床主轴合二为一，传动链为零，又称"零传动"。优点：结构轻、惯性小、高转速、高精度、高功率、高刚度、结构紧凑。应用：高速数控机床。如图 1.15(d)所示。

3. 主轴部件的支承

主轴部件是数控机床的关键部件之一，它直接影响机床的加工质量。主轴部件包括主轴的支承、安装在主轴上的传动零件等。

主轴轴承一般采用滚动轴承。

1）轴承类型

（1）锥孔双列圆柱滚子轴承。

内圈为 1:12 的锥孔，当内圈沿锥形轴轴向移动时，内圈胀大，可以调整滚道间隙。如图1.18(a)所示，滚子与内外圈线性接触，承载能力大，刚性好。允许极限转速较高。对箱体孔、主轴颈的加工精度要求高，且只能承受径向载荷。

（2）双列推力向心球轴承。

接触角为 60°。球径小，数量多，允许转速高，轴向刚度较高，能承受双向轴向载荷。如

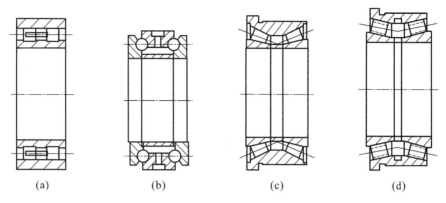

图 1.18 主轴轴承

图 1.18(b)所示,该种轴承一般与双列圆柱滚子轴承配套用作主轴的前支承。

（3）双列圆锥滚子轴承。

这种轴承的特点是内、外列滚子数量相差一个,能使振动频率不一致,因此,可以改善轴承的动态性能。如图 1.18(c)所示,轴承可以同时承受径向载荷和轴向载荷,通常用作主轴的前支承。

（4）带凸肩的双列圆锥滚子轴承。

如图 1.18(d)所示,特点是滚子被做成空心,故能进行有效润滑和冷却;此外,还能在承受冲击载荷时产生微小变形,增加接触面积,起到有效吸振和缓冲作用。

2）轴承的配置

（1）后端定位。

推力轴承布置在后支承两侧,并承受双向轴向载荷。如图 1.19(a)所示,这种形式的优点是能简化主轴端部结构,缺点是由于前端不定位,因此当主轴热膨胀时,向前端伸长或横向弯曲,影响加工精度。因此,多用于精度不是很高的机床上。

（2）前后两端定位。

如图 1.19(b)所示,推力轴承布置在前、后支承的两外侧,轴向载荷分别由前后支承承受。轴向间隙一般由后端调整。在主轴受热伸长时,会改变支承的轴向、径向间隙,影响加工精度。设计时应考虑对主轴的自动预紧。

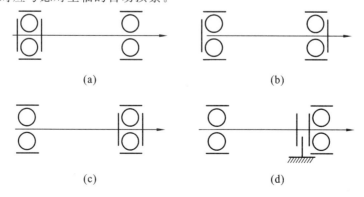

图 1.19 主轴轴承配置

如图1.19(c)、(d)所示均采用前端定位,推力轴承布置在前支承,轴向载荷由前支承承受。这两种形式的共同优点是结构刚度较高,主轴受热时的伸长不会影响加工精度。图1.19(c)所示的推力轴承安装在前支承两侧,会增加主轴的悬伸长度,对提高刚度不利。图1.19(d)所示的两只推力轴承均布置在前支承内侧,主轴的悬伸长度小,刚度大。但前支承结构较复杂,一般用于高速精密数控机床。

任务三 数控机床的进给传动系统

1. 数控机床对进给传动系统的基本要求

1)进给系统的功用

协助完成加工表面的成形运动,传递所需的运动及动力。

2)传统进给传动系统与数控伺服进给系统的区别

传统进给传动系统:多采用一个电机,执行件之间采用大量的齿轮传动,以实现内外传动链的各种传动比要求。故传动链很长,结构相当复杂。

数控伺服进给系统:每一个运动都由单独的伺服电机驱动,传动链大大缩短,传动件大大减少,有利于减少传动误差,提高传动精度。

3)进给系统机械部分的组成

进给系统机械部分由传动机构、运动变换机构、导向机构、执行件(工作台)等组成,如图1.20所示。

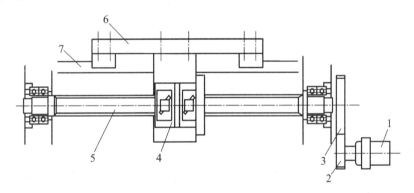

图1.20 数控机床进给传动机械结构部分组成

1—电机;2—齿轮A;3—齿轮B;4—螺母;5—丝杠;6—工作台;7—导轨副

传动机构:常采用齿轮传动、同步带传动等。

运动变换机构:常采用丝杠螺母副、蜗杆齿条副、齿轮齿条副等。

导向机构:即导轨,如滑动导轨、滚动导轨、静压导轨等。

4)数控机床对机械传动系统的要求

(1)提高传动部件的刚度。

措施1:保证部件加工精度。

措施2:在传动链中加入减速齿轮——减小脉冲当量,提高传动精度。

措施3:预紧支承丝杠的轴承——消除齿轮、蜗轮传动件间隙。

措施4:预紧消除滚珠丝杠螺母副的轴向传动间隙。

（2）减小传动部件的惯量。

快速响应，减小运动部件的质量。

（3）减小传动部件的间隙。

设计中可采用消除间隙的联轴节及有消除间隙措施的传动副等方法。

（4）减小系统的摩擦阻力。

提高机床进给系统的快速响应性能和运动精度，减少爬行现象。

响应性能：进给伺服系统动态性能的指标，反映了系统的跟踪精度。

运动精度：机床的主要零部件在以工作状态的速度运动时的精度。

爬行现象：低速时运动不平衡的现象称为爬行现象。

2．进给传动机构

数控机床中，无论是开环还是闭环伺服进给系统，为了达到数控机床进给传动的要求，机械传动装置的设计中应尽量采用低摩擦的传动副，如滚珠丝杠螺母副等，以减少摩擦力；通过选用最佳减速比来降低惯量；采用预紧的办法来提高传动刚度；采用消隙的办法来减小反响死区误差等。

下面从机械传动的角度对数控机床伺服系统的主要传动装置进行简单的介绍。

1）减速机构

（1）齿轮传动装置。

进给系统采用齿轮传动装置，是为了使丝杠、工作台的惯量在系统中占有较小的比重；同时可使高转速低转矩的伺服驱动装置的输出变为低转速大扭矩，从而适应驱动执行元件的需要；另外，在开环系统中还可归算所需的脉冲当量。

在设计齿轮传动装置时，除应考虑满足强度、精度要求之外，还应考虑其速比分配及传动级数对传动的转动惯量和执行件的失动的影响。增加传动级数，可以减小转动惯量。但级数增加，使传动装置结构复杂，降低了传动效率，增大了噪声，同时也加大了传动间隙和摩擦损失，对伺服系统不利。因此，不能单纯根据转动惯量来选取传动级数，要综合考虑，选取最佳的传动级数和各级的速比。

（2）消除传动齿轮间隙的措施。

由于数控机床进给系统的传动齿轮副存在间隙，在开环系统中造成进给运动的位移值滞后于指令值；反向时，会出现反向死区，影响加工精度。在闭环系统中，由于有反馈作用，滞后量虽可得到补偿，但反向时会使伺服系统产生振荡而不稳定。为了提高数控机床伺服系统的性能，在设计时必须采取相应的措施，使间隙减小到允许的范围内。通常可采取"刚性调整法"和"柔性调整法"来消除间隙，具体可参阅相关书籍。

2）滚珠丝杠螺母副

（1）滚珠丝杠螺母副的结构原理。

滚珠丝杠螺母副是目前中、小型数控机床使用最为广泛的传动形式。其结构原理如图1.21所示。

在丝杠和螺母上都有半圆形的螺旋槽，当它们套装在一起时便成了滚珠的螺旋滚道。螺母上有

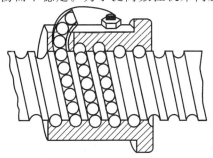

图 1.21 滚珠丝杠螺母副的结构

滚珠回珠滚道,将数圈螺旋滚道的两端连接成封闭的循环滚道,滚道内装满滚珠,当丝杠旋转时,滚珠在滚道内自转,同时又在封闭滚道内循环,使丝杠和螺母产生相对轴向运动。当丝杠(或螺母)固定时,螺母(或丝杠)即可以产生相对直线运动,从而带动工作台作直线运动。

滚珠丝杠螺母副回珠滚道的结构形式称为滚珠循环方式。循环方式有以下两种。

① 内循环:如图1.22(a)所示,靠螺母上安装的反向器接通相邻滚道,使滚珠成单圈循环。反向器的数目与滚珠圈数相等。

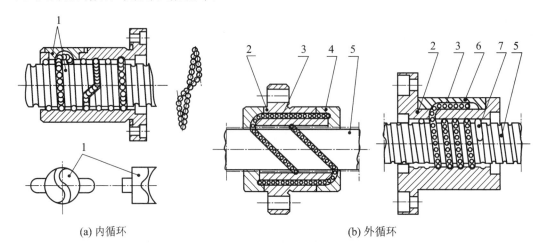

(a) 内循环   (b) 外循环

图1.22 滚珠丝杠螺母副的循环方式

1—反向器;2—螺母;3—滚珠;4—端盖;5—丝杠;6—盖板;7—挡珠环

滚珠循环的回路短,流畅性好,效率高,螺母的径向尺寸也较小,但制造精度要求高。结构紧凑,刚度好,摩擦损失小,制造较困难,适用于高灵敏度、高精度的进给系统。

② 外循环:如图1.22(b)所示,通过螺母外表面上的螺旋槽或插管返回丝杠螺母间重新进入循环。

结构简单,制造容易,工艺性好,承载能力较强,但径向尺寸较大,且弯管两端耐磨性和抗冲击性差。应用最为广泛,也可用于重载传动系统。

(2)滚珠丝杠螺母副的预紧。

滚珠丝杠螺母副的预紧是提高刚度、减小传动系统间隙的重要措施。可通过预紧方法消除滚珠丝杠副间隙,并能提高刚度。滚珠丝杠螺母副的预紧方法与螺母的形式有关。

对于单螺母结构的预紧主要有以下三种方法。

① 增加滚珠直径预紧法:如图1.23(a)所示,通过筛选滚珠的大小进行预紧。这种方法的特点是无须改变螺母结构,简单可靠,刚性好;但它一旦配好,就不能对预紧力再进行调整。用这种方法预紧,当预紧力调整为额定动载荷的2%~5%时,性能最佳;允许最大预紧力为额定动载荷的5%。

② 螺母夹紧预紧法:如图1.23(b)所示,这是预紧力可以调整的预紧方法。在螺母的单边加工一条0.1 mm的缝隙,再通过螺栓径向夹紧螺母。这种方法的特点是制造成本低,调整简单,预紧力调整方便;但对刚性有一定的影响。允许最大预紧力为额定动载荷的5%。

③ 整体螺母变位螺距预紧法:如图1.23(c)所示,通过整体螺母变位,使螺母相对丝杠

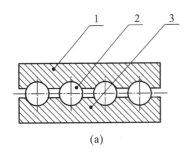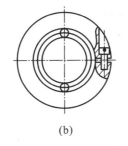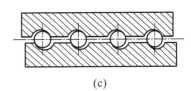

(a)   (b)   (c)

图 1.23　单螺母结构预紧

1—螺母;2—滚珠;3—丝杠

产生轴向移动。这种方法的特点是结构紧凑,工作可靠,调整方便;但调整位移量不易精确控制,故预紧力也不能准确控制。

对于双螺母结构的预紧主要有以下三种方法。

① 双螺母垫片预紧法:如图 1.24(a)所示,它是通过改变垫片的厚度,使螺母相对丝杠产生轴向位移的预紧方法。这种方法的特点是结构简单可靠,刚性好;但调整较费时间,且不能在工作中随意调整。最大预紧力不能超过平均工作载荷的 33%,通常调整为额定动载荷的 10% 左右。

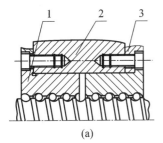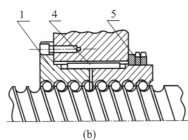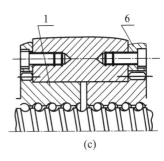

(a)   (b)   (c)

图 1.24　双螺母结构预紧

1—单螺母;2—螺母座;3—调整垫片;4—平键;5—调整螺母;6—内齿轮

② 双螺母螺纹调隙式:如图 1.24(b)所示,单螺母的外端有凸缘,调整螺母外端无凸缘但有螺纹,且伸出套筒外,并用两个圆螺母固定。旋转圆螺母,即可消除间隙,并产生预紧力。

③ 齿差调隙式:如图 1.24(c)所示,在两个螺母的凸缘上各制有圆柱外齿轮,齿数差为1,两个内齿圈的齿数与外齿轮的齿数相同,并用螺钉和销钉固定在螺母座的两端。调整时先将内齿圈取出,根据间隙的大小使两个螺母分别在相同方向转过一个齿或几个齿,使螺母在轴向彼此移近(或移开) 相应的距离。

(3)滚珠丝杠螺母副的支承方式。

滚珠丝杠螺母副的支承方式与传动系统的结构、刚度密切相关。合理选择支承方式、轴承方式,合理布置加强筋,加大螺母座的接触面积,保证安装部位加工精度等都是提高传动系统刚度的重要措施。

① 一端装止推轴承(固定-自由式)。

结构如图 1.25(a)所示。特点:其承载能力小,轴向刚度低,仅适用于短丝杠,如用于数控机床的调整环节或升降台式数控机床的垂直坐标中。

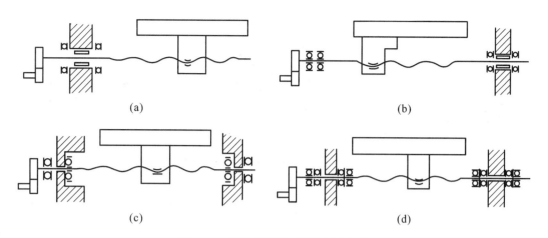

(a)   (b)

(c)   (d)

图 1.25　滚珠丝杠螺母副的支承方式

② 一端装止推轴承,另一端装深沟球轴承(固定-支承式)。

结构如图 1.25(b)所示。特点:当滚珠丝杠较长时,一端装止推轴承固定,另一端由深沟球轴承支承或向心球轴承支承。为了减小丝杠热变形的影响,止推轴承的安装位置应远离热源(如液压马达),用于丝杠较长的情况。

③ 两端装止推轴承(支承-支承式)。

结构如图 1.25(c)所示。特点:将止推轴承装在滚珠丝杠两端,并施加预紧拉力,有助于提高传动刚度,但对热伸长较敏感。

当丝杠热变形伸长时,将使轴承去载,产生轴向间隙。

④ 两端装双重止推轴承及深沟球轴承(固定-固定式)。

结构如图 1.25(d)所示。特点:为了提高刚度,丝杠两端采用双重支承,如止推轴承和深沟球轴承,并施加预紧拉力。这种结构形式,可使丝杠的热变形能转化为止推轴承的预紧力。传动刚度高,结构和安装工艺复杂,适用于长丝杠或高转速、高刚度、高精度的丝杠。

3) 静压丝杠螺母副

静压丝杠螺母副是在丝杠和螺母的接触面之间保持有一定厚度,且具有一定刚度的压力油膜,使丝杠和螺母之间由边界摩擦变为液体摩擦。当丝杠转动时通过油膜推动螺母直线移动,反之,螺母转动也可使丝杠直线移动。静压丝杠螺母副已广泛应用于数控机床和精密机床进给机构中。静压丝杠螺母副的特点如下。

(1) 摩擦系数很小,仅为 0.0005,比滚珠丝杠(摩擦系数为 0.002～0.005)的摩擦损失还小,启动力矩很小,传动灵敏,避免了爬行现象的发生。

(2) 油膜层可以吸振,提高了运动的平稳性,由于油液不断流动,有利于散热和减小热变形,提高了机床的加工精度和表面质量。

(3) 油膜层具有一定刚度,大大减小了反向间隙,同时油膜层介于螺母与丝杠之间,对丝杠的误差有"均化"作用,即丝杠的传动误差比丝杠本身的制造误差还小。

(4) 承载能力与供油压力成正比,与转速无关。

静压丝杠螺母副要有一套供油系统,而且对油的清洁度要求较高,如果在运行中供油突然中断,将造成不良后果。

任务四 数控机床的导轨

导轨主要用来支承和引导运动部件沿一定的轨道运动。在导轨副中,运动的一方叫作运动导轨,不动的一方叫作支承导轨。运动导轨相对于支承导轨的运动,通常是直线运动或回转运动。

1. 对导轨的要求

1) 导向精度高

导向精度是指机床的运动部件沿导轨移动时的直线和它与有关基面之间的相互位置的准确性。在空载切削工件时导轨都应有足够的导向精度,这是对导轨的基本要求。影响导轨精度的主要原因除制造精度外,还有导轨的结构形式、装配质量、导轨及其支承件的刚度和热变形。

2) 耐磨性能好

导轨的耐磨性是指导轨在长期使用过程中保持一定导向精度的能力。因导轨在工作过程中难免磨损,所以需力求减少磨损量,并在磨损后能自动补偿便于调整。数控机床常采用摩擦系数小的滚动导轨和静压导轨以降低导轨磨损。

3) 足够的刚度

导轨受力变形会影响内部零件之间的导向精度和相对位置,因此要求导轨应有足够的刚度。为减轻或削弱外力的影响,数控机床常采用加大导轨面的尺寸增加辅助导轨的方法来提高刚度。

4) 低速运动平稳性好

要使导轨的摩擦阻力小,运动轻便,低速运动时无爬行现象。

5) 结构简单、工艺性好

导轨的制造和维修要方便,在使用时便于调整和维护。

2. 数控机床导轨类型

机床导轨类型:滑动导轨、滚动导轨和静压导轨。

1) 滑动导轨

滑动导轨具有结构简单、制造方便、刚度好、抗振性好等优点,是机床上使用最广泛的导轨形式。但普通的铸铁-铸铁、铸铁-淬火钢导轨,存在的缺点是静摩擦系数大,而且动摩擦因数随速度变化而变化,摩擦损失大,低速(1~60 mm/min)时易出现爬行现象,降低了运动部件的定位精度。

常用的导轨截面形状有三角形、矩形、燕尾形及圆柱形等四种,如图1.26所示。在数控机床上,滑动导轨的组合形式主要是三角形配矩形式和矩形配矩形式。只有少部分结构采用燕尾式。滑动导轨不仅可以满足机床对导轨的低摩擦、耐磨、无爬行、高刚度的要求,同时又具有生产成本低、应用工艺简单、经济效益显著等特点,因此,在数控机床上得到了广泛的应用。

2) 滚动导轨

滚动导轨是在导轨面之间放置滚珠、滚柱、滚针等滚动体,使导轨面之间的滑动摩擦变

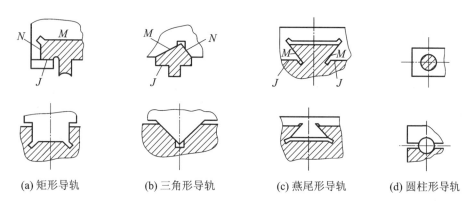

(a) 矩形导轨　　(b) 三角形导轨　　(c) 燕尾形导轨　　(d) 圆柱形导轨

图 1.26　滑动导轨副结构

为滚动摩擦,如图 1.27 所示。滚动导轨与滑动导轨相比,其优点如下。

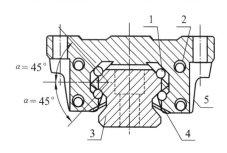

图 1.27　滚动导轨副结构

1—承载滚珠;2—返回滚珠;3—滑块;
4—保持器;5—支承导轨

(1) 灵敏度高,且其动摩擦与静摩擦系数相差甚微,因而运动平稳,低速移动时,不易出现爬行现象。

(2) 定位精度高,重复定位精度可达 $0.2~\mu m$。

(3) 摩擦阻力小,移动轻便,磨损小,精度保持性好,寿命长。但滚动导轨的抗振性较差,对防护要求较高。

滚动导轨特别适用于机床的工作部件要求移动均匀,运动灵敏及定位精度高的场合。这是滚动导轨在数控机床上得到广泛应用的原因。根据滚动体的类型,滚动导轨有下列三种结构形式:滚珠导轨、滚柱导轨、滚针导轨。根据滚动导轨是否预加负载,滚动导轨还可以分为预加载导轨和无预加载导轨两类。

3) 静压导轨

静压导轨的滑动面之间开有油腔,将有一定压力的油通过节流阀输入油腔,形成压力油膜,浮起运动部件,使导轨工作表面处于纯液体摩擦状态,不产生磨损,精度保持性好。同时摩擦系数也极低(0.0005),使驱动功率大大降低;低速时无爬行现象,承载能力大,刚度好;此外,油液有吸振作用,抗振性好。其缺点是结构复杂,要有供油系统,油的清洁度要求高。

静压导轨横截面的几何形状一般分为 V 形和矩形两种。采用 V 形便于导向和回油,采用矩形便于做成闭式静压导轨。另外,油腔的结构对静压导轨的性能影响很大。静压导轨在数控机床上应用较少。

任务五　数控机床的自动换刀装置

数控机床为了能在工件一次装夹中完成多种甚至所有加工工序,缩短辅助时间,减少多次安装工件所引起的误差,带有自动换刀装置。

自动换刀装置应当满足换刀时间短、刀具重复定位精度高、刀具储存量足够、刀库占地面积小以及安全可靠等基本要求。

1. 自动换刀装置分类

数控机床自动换刀装置分为转塔式和刀库式。转塔式分为回转刀架和转塔头。刀库式分为刀库与主轴之间直接换刀(无机械手的换刀装置)、用机械手配合刀库进行换刀(用机械手、运输装置配合刀库进行换刀)。目前大量使用这种带有刀库的自动换刀装置。

回转刀架多为顺序换刀,换刀时间短,结构紧凑,容纳刀具较少,用于数控车削中心机床。

2. 数控车床自动转位刀架

1) 数控车床回转刀架

数控车床上使用的回转刀架是一种最简单的自动换刀装置。对回转刀架的要求:强度、刚度足够,定位精度高,换刀时间短。

根据不同加工对象,有四方刀架和六角刀架等多种形式,回转刀架上分别安装着四把、六把或更多的刀具,并按数控装置的指令换刀。

回转刀架又有立式和卧式两种,立式回转刀架的回转轴与机床主轴成垂直布置,结构比较简单,经济型数控车床多采用这种刀架。

图 1.28 所示为立式四方刀架结构,四方刀架换刀过程如下。

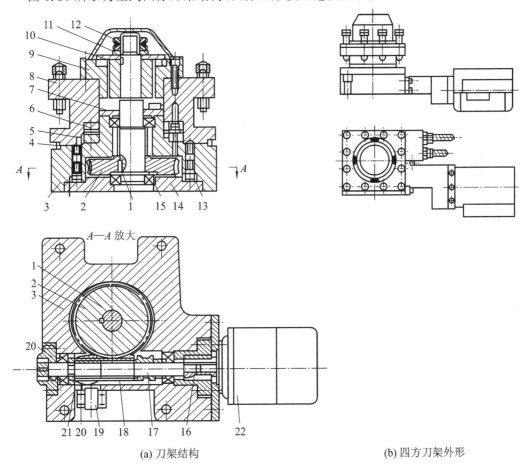

(a) 刀架结构   (b) 四方刀架外形

图 1.28　立式四方刀架结构

1,17—轴;2—蜗轮;3—刀座;4—密封圈;5,6—齿盘;7—压盖;8—刀架;9,20—套筒;10—轴套;11—垫圈;12—螺母;13—销;14—底盘;15—轴承;16—联轴套;18—蜗杆;19—微动开关;21—压缩弹簧;22—电机

（1）刀架抬起。

电机 22 正转→联轴套 16→轴 17→滑键（或花键）带动蜗杆 18→蜗轮 2→轴 1→轴套 10 转动。轴套 10 的外圆上有两处凸起，可在套筒 9 内孔中的螺旋槽内滑动，从而举起与套筒 9 相连的刀架 8 及上端齿盘 6，使上端齿盘 6 与下端齿盘 5 分开，完成刀架抬起动作。

（2）刀架转位。

轴套 10 仍在继续转动，同时带动刀架 8 转过 90°（如不到位，刀架还可继续转位 180°、270°、360°），并由微动开关 19 发出信号给数控装置。

（3）刀架压紧。

微动开关 19 发信号→电机 22 反转，销 13 使刀架 8 定位而不随轴套 10 回转→刀架 8 向下移动→上下端齿盘合拢压紧。蜗杆 18 继续转动则产生轴向位移，压缩弹簧 21，套筒 20 的外圆曲面压下微动开关 19 使电机 22 停止旋转，从而完成一次转位。

2）转塔头式换刀装置

带旋转刀具的数控机床常采用转塔头式换刀装置，如数控钻镗床的多轴转塔头等，如图 1.29 所示。

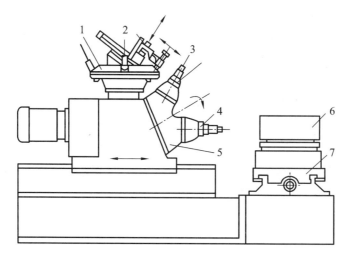

图 1.29　机械手和转塔头配合刀库换刀的自动换刀装置

1—刀库；2—机械手；3,4—刀具主轴；5—转塔头；6—工件；7—工作台

转塔头上装有几个主轴，每个主轴上均装一把刀具，加工过程中转塔头可自动转位实现自动换刀。

主轴转塔头就相当于一个转塔刀库，其优点是结构简单，换刀时间短，仅为 2 s 左右。

由于受空间位置的限制，主轴数目不能太多，主轴部件结构不能设计得十分坚实，影响了主轴系统的刚度，通常只适用于工序较少、精度要求不太高的机床，如数控钻床、数控铣床等。

3）盘形自动回转刀架

车床上常用的刀架还有盘形刀架，如图 1.30 所示。

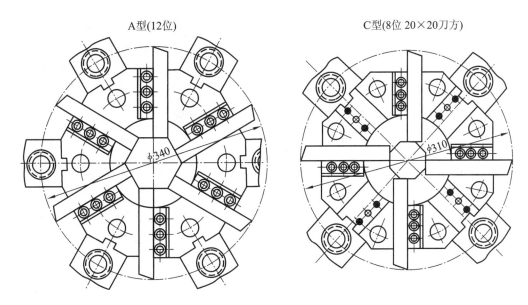

图 1.30　盘形刀架

3．带刀库的自动换刀系统

回转刀架、转塔头等换刀装置容纳的刀具数量不能太多,不能满足复杂零件的加工需要。自动换刀数控机床多采用带刀库的自动换刀装置。带刀库的自动换刀装置由刀库和换刀机构组成,换刀过程较为复杂。

首先要把加工过程中使用的全部刀具分别安装在标准刀柄上,在机外进行尺寸预调整后,按一定的方式放入刀库。换刀时,先在刀库中选刀,再由刀具交换装置从刀库或主轴(或是刀架)取出刀具,进行交换,将新刀装入主轴(或刀架),旧刀放回刀库。

刀库具有较大的容量,既可安装在主轴箱的侧面或上方,也可作为单独部件安装在机床周围,并由搬运装置运送刀具。

缺点:整个换刀过程动作较多,换刀时间较长,系统复杂,可靠性较差。

1）刀库的类型

（1）盘式刀库。

盘式刀库的结构如图 1.31 所示。优点:结构简单,成本较低,换刀可靠性较好。缺点:换刀时间长,适用于刀库容量较小的加工中心上采用。

（2）链式刀库。

链式刀库结构紧凑,容量较大,如图 1.32 所示,可根据机床的布局制成各种链环形状,也可将换刀位突出以便于换刀。

当需要增加刀具数量时,只需增加链条的长度即可,给刀库设计与制造带来了方便。

2）刀库的选刀方式

（1）顺序选刀:在加工之前,将所需刀具按照工艺要求依次插入刀库的刀套中,顺序不能搞错,加工时按顺序调刀。缺点:加工不同的工件时必须重新调整刀库中的刀具顺序,操作烦琐,而且刀具的尺寸误差也容易造成加工精度不稳定。优点:刀库的驱动和控制都比较简单。

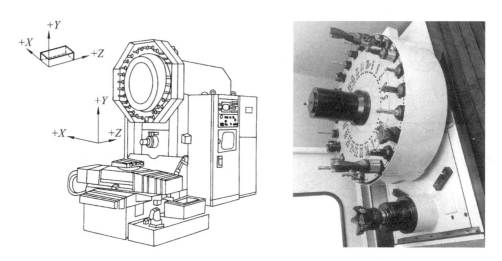

图 1.31　盘式刀库

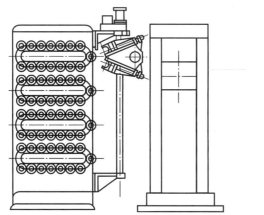

图 1.32　链式刀库

（2）任意选刀：对刀具或刀套采用二进制编码的原理进行编码，使每把刀具都具有自己的代码，因而刀具可以在不同的工序中多次重复使用，换下的刀具不用放回原刀座。优点：有利于就近选刀和装刀，刀库的容量也相应减少，可避免由于刀具顺序的差错所引起的事故。缺点：刀具长度加长，制造困难，刚度降低，刀库和机械手的结构复杂。

3）刀具交换装置

刀具的交换方式有下列两种。

（1）通过刀库与机床主轴的相对运动实现刀具交换：首先将用过的刀具送回刀库，然后再从刀库中取出新刀具，两个动作不能同时进行，换刀时间较长。

（2）采用机械手实现刀具交换：换刀灵活，动作快，而且结构简单，应用最广泛。

动作过程：抓刀—拔刀—回转—插刀—返回。

手臂类型：单臂机械手、双臂机械手。

手爪类型：钩手、抱手、伸缩手、叉手，结构如图 1.33 所示。

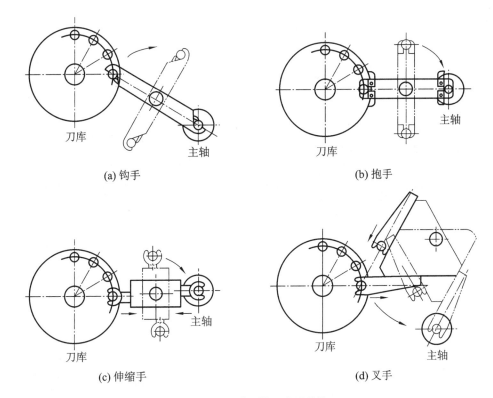

(a) 钩手　　　　　　　　　　　　　　　(b) 抱手

(c) 伸缩手　　　　　　　　　　　　　　(d) 叉手

图 1.33　双臂机械手常用结构

任务六　数控机床回转工作台

数控机床的回转工作台指实现周向进给和分度运动的工作台。作用是提供 A、B、C 回转轴坐标运动,扩大工艺范围,提高生产效率。

回转工作台的基本形式有分度工作台、数控回转工作台。对于自动换刀的多工序加工中心来说,回转工作台已成为一个不可缺少的部件。

1. 分度工作台

分度工作台只能完成分度运动(如 45°、60°或 90°等),而不能实现圆周进给运动。

在需要分度时,按照数控系统的指令,将工作台及其工件回转规定的角度,以改变工件相对于主轴的位置,完成工件各个表面的加工。

分度工作台按其定位机构的不同分为定位销式和鼠牙盘式两类,如图 1.34 所示。

2. 数控回转工作台

数控回转工作台简称数控转台。数控转台能实现自动进给。在结构上和数控机床的进给驱动机构有许多共同之处。不同之处在于数控机床的进给驱动机构实现的是直线进给运动,而数控转台实现的是圆周进给运动。如图 1.35 所示。

数控转台分为开环和闭环两种。

3. APC 工作自动交换系统

为了减少工件安装、调整的辅助时间,提高自动化生产水平,在数控车床、冲床中,对工件

图 1.34 分度工作台

图 1.35 数控回转工作台

的上下料可采用机械手或工业机器人进行工件自动装卸,该方式目前主要用于 FMS 系统中。

对于加工中心,目前已比较多地采用了多工位托盘工件自动交换机构,即每台加工中心至少配有两个可自动交换的托盘工作台,如图 1.36 所示。当其中一个托盘工作台进入封闭式的数控机床内进行自动循环加工时,另一个在机床外侧的托盘工作台,就可以进行工件的装卸调整,使工件的安装调整时间与机床加工时间重合,从而节省了机床安装工件的辅助时间。

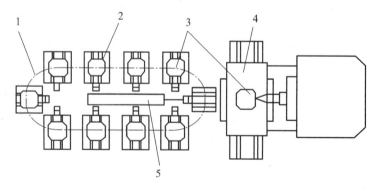

图 1.36 具有托盘交换系统的 FMS

1—环形交换工作台;2—托盘座;3—托盘;4—加工中心;5—托盘交换装置

【项目实施】

（1）主轴由 11 kW 的伺服电机提供动力，通过 1∶1 带传动传给主轴，实现无级调速。

（2）刀架 Z 轴移动由 1.8 kW 的伺服电机经 24∶30 带传动，带动纵向丝杠转动，通过滚珠丝杠螺母副带动刀架滑台移动，从而实现控制 Z 轴的移动。Z 轴的最小移动量为 0.000 1 mm。

（3）刀架 X 轴移动由 0.9 kW 的伺服电机经 20∶24 带传动，带动横向丝杠转动，由滚珠丝杠螺母副带动刀架滑台移动，从而实现控制 X 轴的移动。X 轴的最小移动量为 0.000 5 mm。

【习题思考】

1-1　数控机床由哪几部分组成？简述数控机床各组成部分的作用。

1-2　数控机床和普通机床相比有哪些特点？

1-3　数控机床对机械结构的基本要求是什么？

1-4　简述数控机床主传动系统的组成。

1-5　简述数控机床进给传动系统的组成。

模块二　计算机数控（CNC）系统

◀ 项目一　认识计算机数控系统 ▶

【教学提示】

计算机数控装置是一种位置控制系统，简称 CNC 装置。CNC 装置主要由硬件和软件组成，通过系统软件配合系统硬件，合理组织管理数控系统的输入、数据处理、插补和输出信息，控制执行部件，使数控机床按照指令程序执行。

【项目任务】

简述数控程序指令"M03　S1000;"在数控机床中执行的过程。

【任务分析】

要完成该项目任务，应熟悉数控 CNC 系统的装置及工作过程。

任务一　CNC 系统的组成

1. 基本概念

按美国电子工程协会（EIA）数控标准化委员会的定义，CNC（computerized numerical control）系统是用计算机通过执行其存储器内的程序来完成数控要求的部分或全部功能，并配有接口电路、伺服驱动的一种专用计算机系统。

CNC 系统根据输入的程序或指令，由计算机进行插补运算，形成理想的运动轨迹，插补计算出的位置数据输出到伺服单元，控制电机带动执行机构加工出所需零件。

CNC 系统中的计算机主要用来进行数值和逻辑运算，对机床进行实时控制，只要改变计算机中的控制软件，就能实现一种新的控制方式。

CNC 系统由程序、输入/输出设备、CNC 装置、可编程逻辑控制器（PLC）、主轴驱动装置和进给驱动装置等组成，如图 2.1 所示。

2. CNC 装置的组成

CNC 装置是 CNC 系统的核心，由硬件和软件两大部分组成。硬件是由一台专用计算机或通用计算机与输入/输出接口板以及机床控制器所组成。CNC 系统的软件是为了完成数控机床的各项功能专门设计和编制的专用软件，是系统软件。软件在硬件支持下运行，离开软件，硬件便无法工作，两者缺一不可。现代 CNC 装置中，软件和硬件的分工是不固定的。

CNC 装置通过系统软件配合系统硬件，合理地组织管理数控系统的输入、数据处理、插补和输出信息，控制执行部件，使数控机床按照操作者的要求进行自动加工。CNC 系统采用了计

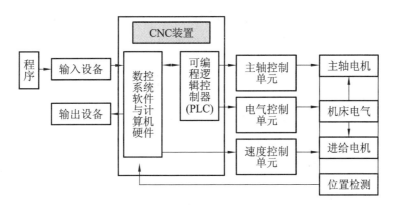

图 2.1 CNC 系统组成方框图

算机作为控制部件,通常由常驻在其内部的数控系统软件实现部分或全部数控功能,从而对机床运动进行实时控制。只要改变 CNC 系统的控制软件,就能实现一种全新的控制方式。

3. CNC 装置的功能

CNC 装置中采用大量软件来实现数控功能,功能较丰富,适合数控机床的各种复杂的控制要求。CNC 装置的功能通常包括基本功能和选择功能两大类。基本功能是指数控装置必备的功能,而选择功能则是可根据具体机床的要求,供用户选择的功能。CNC 装置的功能可分为以下几方面。

1)控制功能

控制功能是指 CNC 装置能够控制的以及能够同时控制联动的轴数。控制轴有移动轴和回转轴、基本轴和附加轴。

2)准备功能

准备功能也称 G 功能,是指用来指令机床动作方式的功能。包括基本移动、程序暂停、平面选择、坐标设定、刀具补偿、基准点返回、固定循环、公英制转换等指令,用指令 G 和它后续的两位数字表示。

3)插补功能

插补功能用于对零件轮廓加工的控制,一般的 CNC 装置有直线插补、圆弧插补功能;有的机床有抛物线插补和极坐标插补功能。实现插补运算的方法有逐点比较法、数字积分法、直接函数法等。

4)固定循环加工功能

固定循环加工指令将典型动作预先编好程序并存储在存储器中,用 G 代码进行指令。使用固定循环加工功能,可以大大简化程序的编制。固定循环加工指令有钻孔、攻螺纹、镗孔、车螺纹等。

5)进给功能

进给功能用 F 指令给出各进给轴的进给速度。数控加工中常用到以下几种与进给速度有关的术语。

切削进给速度(mm/min):以每分钟进给距离的形式指定刀具切削进给速度,如 F150 表示切削速度为 150 mm/min。

同步进给速度(mm/r):主轴每转一圈时进给轴的进给量。

快速进给速度:机床的最高移动速度,用 G00 指令实现快速移动,通过参数设定。它可通过操作面板上的快速开关改变。

进给倍率:操作面板上设置了进给倍率开关,使用倍率开关不用修改程序中的 F 代码,就可改变机床的进给速度。倍率可在 0~200% 之间变化。

6)主轴功能

指令主轴转速(r/min):S1500 表示主轴转速为 1500 r/min。

设置恒定线速度:主要用于车削和磨削加工中,可提高工件端面加工质量。

主轴准停:使主轴在径向的某一位置准确停止。

7)辅助功能

辅助功能用来规定主轴的启和停、冷却泵的接通和断开,用 M 来表示。

8)刀具功能

刀具功能用来选择刀具,用字母 T 和它后续的 2 位或 4 位数字表示。

9)补偿功能

补偿功能包括刀具补偿、丝杠螺距误差补偿和反向间隙补偿。补偿功能可以把刀具长度或直径的相应补偿量、丝杠的螺距误差和反向间隙补偿量输入到 CNC 装置的内部存储器中,在控制机床进给时按一定的计算方法将这些补偿量补上。

10)显示功能

CNC 装置配置 CRT 显示器或液晶显示器,用于显示程序、零件图形、人机对话编程菜单、故障信息等。

11)自诊断功能

CNC 装置中设置了各种诊断程序,可以包含在系统程序中,在系统运行过程中进行检查和诊断,也可作为服务性程序,在系统运行前或故障停机后进行诊断,查找故障的部位。

12)通信功能

通信功能主要完成上级计算机与 CNC 装置之间的数据和命令传送。

4. CNC 系统的工作过程

CNC 系统的工作过程是在硬件的支持下,执行软件的过程。CNC 装置的工作原理是通过输入设备输入机床加工零件所需的各种数据信息,经过译码、计算机的处理、运算,将每个坐标轴的移动分量送到其相应的驱动电路,经过转换、放大,驱动伺服电机,带动坐标轴运动,同时进行实时位置反馈控制,使每个坐标轴都能精确移动到指令所要求的位置。如图 2.2 所示。

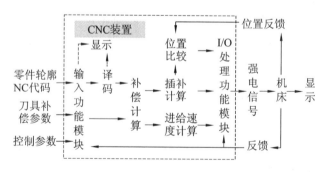

图 2.2 CNC 系统的工作过程

任务二 CNC系统的硬件结构

CNC装置的工作过程是在硬件的支持下,执行系统软件的过程,数控装置的控制功能在很大程度上取决于硬件结构。CNC装置的硬件结构按照控制功能的复杂程度可分为单微处理器硬件结构和多微处理器硬件结构。

1. 单微处理器硬件结构

在单微处理器数控系统中,只有一个微处理器,以集中控制、分时处理系统的各个任务。而有的CNC装置虽然有两个以上的微处理器,但其中只有一个微处理器能够控制系统总线,占有总线资源;而其他微处理器只作为专用的智能部件,不能控制系统总线,不能访问主存储器,它们组成主从结构,也被归于单微处理器结构。单微处理器结构CNC装置由微处理器和总线、存储器、主轴控制、CRT或液晶显示接口、纸带阅读机接口、I/O接口、MDI接口、PLC接口、通信接口等组成,如图2.3所示。

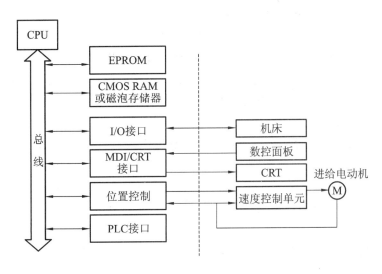

图2.3 单微处理器硬件结构框图

1) 微处理器和总线

微处理器是CNC装置的核心,由运算器和控制器组成。运算器是对数据进行算术和逻辑运算的部件。在运算过程,运算器不断地得到存储器提供的数据,并将运算的结果送回到存储器保存起来。通过对运算结果的判断,设置状态寄存器的相应状态。控制器从存储器中依次取出程序指令,经过译码,向CNC装置各部分按顺序发出执行操作的控制信号,使指令得以执行。同时也接收执行部件发回来的反馈信息,控制器根据程序中的指令信息及这些反馈信息,决定下一步的操作命令。

总线是由物理导线构成的,一般分为数据总线、地址总线、控制总线。数据总线为各部件之间传输数据。数据总线的位数和传送的数据宽度相等,采用双向线。地址总线传输的是地址信号,与数据总线结合使用,以确定数据总线上传输的数据来源或目的地,是单向的。控制总线传输的是管理总线的某些控制信号,是单向的。

2）存储器

存储器是存放数据、参数和程序的，包括只读存储器（ROM）和随机存储器（RAM）两类。系统控制程序存放在只读存储器 EPROM 中，通过专用的写入器写入程序，即使断电，程序也不会丢失。程序只能被 CPU 读出，不能随机写入。必要时经紫外线擦除 EPROM，再重写监控程序。

运算中间结果、需显示的数据、运行中的状态、标志信息等存放在随机存储器 RAM 中，它能随机读写，断电后，信息就消失。

加工的零件程序、数据和参数存放在有后备电池的 CMOS RAM 中，这些信息能随机读出，还可根据操作的需要写入或修改，断电后信息仍可保留。

3）I/O 接口

CNC 系统和机床之间的信号一般不直接连接，需要通过 I/O 接口电路连接。I/O 接口电路的主要任务如下。

（1）进行必要的电气隔离，防止干扰信号引起误动作。主要用光电耦合器或继电器将 CNC 和机床之间的信号在电气上加以隔离。

（2）进行电平转换和功率放大。一般 CNC 信号是 TTL 电平，机床控制的信号通常不是 TTL 电平，而且负载较大，需进行必要的信号电平转换和功率放大。

（3）模拟量与数字量之间的转换。CNC 装置的微处理器只能处理数字量，对模拟量控制的地方需要 D/A 转换器，将模拟量输入到 CNC 装置需要 A/D 转换器。

4）MDI/CRT 接口

MDI 手动数据输入是通过数控面板上的键盘操作，当扫描到有键按下的信号时，将数据送入移位寄存器，经数据处理判别该键的属性及其有效性，并进行相关的监控处理。CRT 接口在 CNC 软件的控制下，在单色或彩色 CRT 上实现字符和图形显示，对数控代码程序、参数、各种补偿数据、零件图形和动态刀具轨迹等进行实时显示。

5）位置控制器

位置控制器在 CNC 装置指令下控制电机带动工作台按要求的速度移动规定的距离。机床上每个坐标轴均有独立的一套位置控制器，控制单个轴的运动和位置精度，且控制多轴联动。对主轴控制要求在很宽的范围内速度连续可调，且在不同的转速下输出恒转矩，还要有主轴准停功能。

6）可编程逻辑控制器（PLC）

PLC 的功能是替代传统机床强电的继电器逻辑控制来实现各种开关量的控制。数控机床中使用的 PLC 可分为以下两类。

（1）"内装型"PLC，它是为实现机床的顺序控制而专门设计制造的。

（2）"独立型"PLC，它是在技术规范、功能和参数上均可满足数控机床要求的独立部件。数控机床上的 PLC 多采用内装型，因此，PLC 已成为 CNC 系统的一个部件。

2. 多微处理器硬件结构

多微处理器硬件结构的 CNC 装置中，有两个或两个以上的微处理器。各处理器之间可以共享资源，具有集中处理的操作系统；也可以将各个处理器组成独立部件，具有多层操作系统实行并行处理。多微处理器硬件结构的 CNC 装置中采用模块化技术，图 2.4 所示为多微处理器 CNC 装置共享总线结构框图。一般情况下,多微处理器硬件结构包括以下六种基本功能模块。

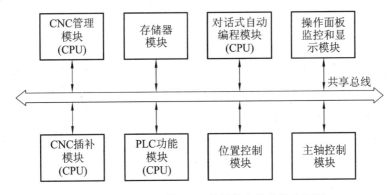

图 2.4　多微处理器 CNC 装置共享总线结构框图

1) CNC 管理模块

该模块组织和管理整个 CNC 系统各功能协调工作。

2) 存储器模块

存储器模块指程序和数据的主存储器,或功能模块间数据传送用的共享存储器。

3) CNC 插补模块

该模块根据前面的编译指令和数据进行插补计算,按规定的插补类型通过插补计算为各个坐标提供位置给定值。

4) 位置控制模块

插补后的坐标作为位置控制模块的给定值,而实际位置通过相应的传感器反馈给该模块,经过一定的控制算法,实现无超调、无滞后、高性能的位置闭环。

5) 操作面板监控和显示模块

该模块指零件程序、参数、各种操作命令和数据的输入(如软盘、硬盘、键盘、各种开关量和模拟量的输入、上级计算机的输入等)、输出(如软盘、硬盘、各种开关量和模拟量的输出、打印机)、显示(如通过 LED、CRT、LCD 等)所需要的各种接口电路。

6) PLC 功能模块

零件程序中的开关功能和从机床传来的信号在这个模块中作逻辑处理,实现各开关功能和机床操作方式之间的对应关系,如机床电气设备的启停、刀具交换、回转工作台的分度、工件数量和运转时间的计数等。

3. 开放式 CNC 系统

无论 CNC 装置是单微处理器硬件结构还是多微处理器硬件结构,都是以数控机床为控制对象的专用计算机系统。采用专用计算机系统必然会有兼容性差、可扩充性差、成本高等缺点。相比之下,开放式体系结构采用通用计算机及其配套模块,建立一个开放式体系结构系统,使控制系统设计标准化、模块化,进而实现系列化、可兼容、可扩充和易升级换代,大大降低了系统的研发和制造费用,提高了用户设备和资源的利用率以及数控产品的市场竞争力,以满足现代制造业发展的需要。开放式 CNC 系统可分为单元 PC 机结构和分层式多微处理器结构。

任务三　CNC系统的软件结构

1. CNC装置软件组成

CNC系统的软件是为了完成数控机床的各项功能专门设计和编制的专用软件,是系统软件,由管理软件和控制软件组成。管理软件包括输入/输出程序、显示程序、故障诊断程序;控制软件包括速度控制程序、位置控制程序、译码、插补运算程序、刀具补偿程序,如图2.5所示。

2. CNC装置软件结构的特点

CNC系统的软件结构,无论其硬件是采用单微处理器结构还是多微处理器结构,都具有两个特点:多任务并行处理和多重实时中断处理。

1) 多任务并行处理

在数控加工过程中,CNC系统要完成许多任务,多数情况下CNC的管理和控制工作必须同时进行。所谓的并行处理是指计算机在同一时间间隔内完成两种或两种以上的性质相同或不同的工作。并行处理的最大好处是提高了运算速度。如:加工控制时必须同步显示系统的有关状态、位置控制与I/O同步处理,并始终伴随着故障诊断功能。图2.6所示为多任务并行处理关系图,图中用双向箭头连接的两个模块之间有并行处理关系。

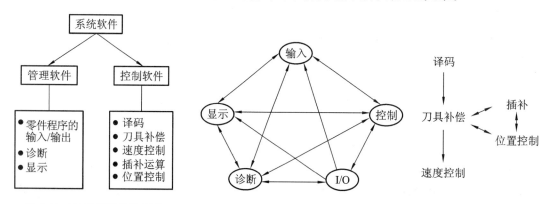

图2.5　CNC装置软件组成　　　　图2.6　多任务并行处理关系图

2) 实时中断处理

CNC系统的多任务性和实时性决定了中断成为整个系统必不可少的组成部分。CNC系统的中断管理主要靠硬件完成,而系统的中断结构决定了系统的软件结构。CNC系统的中断类型有以下四种。

(1) 外部中断。

外部中断主要有外部监控中断和键盘操作面板中断。通常,外部监控中断的优先级高于键盘操作面板中断。

(2) 内部定时中断。

内部定时中断主要有插补周期定时中断和位置采样定时中断。有些系统将这两种中断合二为一。处理时,总是先处理位置控制,再处理插补运算。

(3) 硬件故障中断。

硬件故障中断是由各种硬件故障检测装置发出的中断,如:存储器出错、定时器出错、插补运算超时。

（4）程序性中断。

程序性中断是程序中出现的各种异常情况的报警中断,如:各种溢出、除零等。

3. CNC 系统的软件结构

CNC 系统的软件结构可设计成不同的形式,不同的软件结构对各任务的安排方式、管理方式不同。常见的 CNC 软件结构模式有两种:前后台型软件结构和中断型软件结构。

1）前后台型软件结构

前后台型软件结构适合于采用集中控制的单微处理器 CNC 系统。在这种软件结构中,前台程序为实时中断程序,承担了几乎全部实时功能,这些功能都与机床动作直接相关,如:位置控制、插补、辅助功能处理、面板扫描及输出等。后台程序主要用来完成准备工作和管理工作,包括输入、译码、插补准备及管理等,通常称为背景程序。背景程序是一个循环运行程序,在运行过程中实时中断程序不断插入,前后台程序相互配合完成加工任务。如图 2.7 所示。

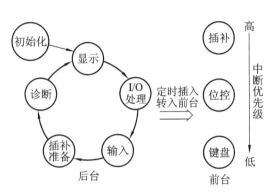

图 2.7　前后台型软件结构

程序启动后,运行完初始化程序即进入背景循环程序,同时开启定时中断,每隔一段固定时间发生一次定时中断,执行一次中断服务程序。就这样,中断程序和背景程序有条不紊地协同工作。

2）中断型软件结构

中断型软件结构没有前后台之分,除初始化程序外,根据各控制模块实时要求不同,将控制程序安排成不同级别的中断服务程序。整个软件是一个大的多重中断系统,系统的管理功能主要通过各级中断服务程序之间的通信来实现。

任务四　常用的计算机数控(CNC)系统

1. 日本 FANUC 公司的 CNC 装置

FANUC 生产的 CNC 装置有 F0、F10/11/12、F15、F16、F18 等系列。F0 Mate 为 F0 系列的派生产品。它与 F0 系列比较,是功能简单、结构更为紧凑的经济型 CNC 装置。

F00/100/110/120/150 系列是在 F0/10/11/12/15 系列的基础上加了 MMC(man machine controller)功能。

2. 德国 SIEMENS 公司的 CNC 装置

SIEMENS 公司的 CNC 装置有 SINUMERIK3、8、810、820、850、880 系列。其中 SINUMERIK810 和 820 在体系结构和功能上相近,SINUMERIK850 和 880 也在体系结构和功能上相近。因此将西门子的 CNC 装置归结为 4 种:SINUMERIK3、SINUMERIK8、SINUMERIK810/820 和 SINUMERIK850/880。

3. 美国 A-B 公司的 CNC 装置

A-B 公司的 CNC 装置有 8200 系列、8400 系列和 8600 系列。

4. 北京数控设备厂(BESK)的 CNC 装置

BESK 的 CNC 装置有三类:第一类是从 FANUC 公司引进的许可制造技术产品,有 FANUC-BESK3 系列、FUNAC-BESK 6E 系列;第二类是与 FANUC 合作生产的产品 FANUC-BESK O Mate E 系列;第三类是自行开发的产品,有 BS02 系列、BS03C 系列、BS04 系列、BS06 系列和 BS07 系列。

5. 上海机床研究所的 CNC 装置

该研究所的 CNC 产品由电源板、CRT 板、主板及输入/输出板组成。CNC 装置的特点是:数控系统是一个多微处理器 CNC 装置。系统软件丰富,具有结构紧凑、体积小、功能强和操作维修方便等特点,易于实现机电一体化。

MTC 数控系列是在引进美国 GE 公司 Mark Centrury One 的基础上,根据我国国情开发的 CNC 装置。MTC 系列 CNC 装置能满足各种机床的需要,有 T、M、B、C 等型号。

【项目实施】

"M03 S1000;"指令通过数控机床输入设备 MDI 键盘输入给 CNC 装置,CNC 装置经过译码翻译成机床主轴驱动单元能够识别的控制信号,驱动机床主轴以 1000 r/min 正转;通过反馈单元将主轴转速反馈给 CNC 装置,CNC 装置进行比较计算,进一步发出主轴转速控制指令,直到主轴以 1000 r/min 稳定运转。

项目二　CNC 装置的插补原理

【教学提示】

CNC 装置对输入的零件加工程序数据段进行相应的处理,然后插补计算刀具运动轨迹,最后将插补结果通过伺服系统输出到执行部件,使刀具加工出所需要的零件。

【项目任务】

如图 2.8 所示轮廓轨迹,CNC 装置如何完成插补计算,控制走刀轨迹?

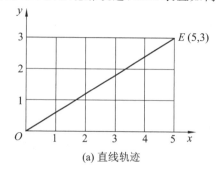

(a) 直线轨迹　　　　　(b) 圆弧轨迹

图 2.8　轮廓轨迹

【任务分析】

要完成该项目任务,应掌握 CNC 装置插补计算原理,能够独立完成直线插补和圆弧插补计算。

任务一　插补原理

1. 插补的概念

插补就是根据给定速度和给定轮廓线形的要求,在轮廓的已知点之间,确定一些中间点的方法,即数据密化的过程。

2. 插补的实现

现代数控系统大多采用软件插补或软硬件插补相结合的方法。

硬件插补:采用硬件的数字逻辑电路来完成插补工作。以硬件为基础的数控系统中,数控装置采用了电压脉冲作为插补点坐标增量输出,每发送一个脉冲,工作台相对刀具移动一个脉冲当量。脉冲当量的大小决定了加工精度,发送给每一坐标轴的脉冲数目决定了相对运动距离,而脉冲的频率代表了坐标轴的速度。硬件插补的特点是运算速度快,但灵活性差,不易更改,结构复杂,成本高。

软件插补:由软件完成插补工作。

还有用软件进行粗插补,再用硬件进行精插补的计算机数控装置。

3. 软件插补方法

按输出驱动信号方式的不同,软件插补方法可分为两大类:脉冲增量插补法和数据采样插补法。

脉冲增量插补法是模拟硬件插补的原理,每进行一次插补运算在各坐标轴上产生最多一个控制脉冲,使各坐标轴最多只移动一个脉冲当量。此方法主要运用于进给速度不是很快的数控系统或以步进电机为驱动装置的开环控制系统中。

数据采样插补又称数字增量插补,其特点是插补运算分两步完成。第一步是粗插补,即在给定起点和终点的曲线之间插入若干个点,用若干条微小直线段来逼近给定曲线,每一条微小直线段的长度相等,且与给定的进给速度有关。第二步是精插补,它是在粗插补时算出的每一条微小直线段上再做"数据点的密化"工作,这一步相当于对直线的脉冲增量插补。

数据采样插补法按照一固定的时间(称为插补周期)进行一次插补运算,其输出的不是脉冲,而是数据。计算机定时地对反馈回路采样,得到采样数据与插补程序所产生的指令数据相比较后,以误差信号输出,驱动伺服电机。每一采样时间称为采样周期,插补周期可以与采样周期相同,也可以是采样周期的整数倍。该方法用于闭环和半闭环数控系统中。

比较脉冲增量插补法和数据采样插补法可知,前者每进行插补运算一次,各坐标轴最多只能移动一个脉冲当量,输出脉冲的速率即加工的速度受插补运算的时间限制。而后者则在插补运算的时间里,系统按上一插补周期的运算控制量进行加工,因此,其加工进给速度不受插补运算时间的限制,但插补运算较为复杂。

任务二　脉冲增量插补

1. 逐点比较法插补

1）基本原理

每给 x 或 y 坐标方向一个脉冲后,使加工点沿相应方向产生一个脉冲当量的位移,然后对新的加工点所在的位置与要求加工的曲线进行比较,根据其偏离情况决定下一步该移动的方向,以缩小偏离距离,使实际加工出的曲线与要求的加工曲线的误差为最小。

2）工作节拍

逐点比较插补法的一个插补循环包括以下四个节拍。

(1) 偏差判别:判别加工点对规定曲线的偏离位置,从而决定进给的方向。

(2) 坐标进给:根据偏差判别结果,控制刀具相对于工件轮廓进给一步,即向给定的轮廓靠拢,减少偏差。

(3) 偏差计算:计算新的加工点与规定曲线的偏差,作为下一步偏差判别的依据。

(4) 终点判别:判断刀具是否到达加工终点,若到达终点,停止插补,否则再回到第一个工作节拍。

以上四个节拍不断反复,就可加工出所需要的曲线。工作节拍循环图如图 2.9 所示。

3）直线插补

如图 2.10 所示,逐点比较法直线插补的计算过程如下。

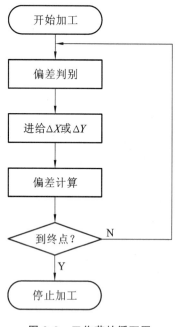

图 2.9　工作节拍循环图

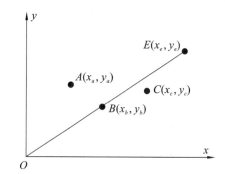

图 2.10　逐点比较法直线插补

(1) 偏差计算公式。

设被加工直线 OE 位于 xOy 平面的第一象限内,起点为 O,终点为 E。再设刀具刀位点某一时刻位于 $A(x_a, y_a)$ 点,它在直线 OE 的上方,有

$$\frac{y_a}{x_a} > \frac{y_e}{x_e}$$

即：
$$F = y_a x_e - x_a y_e > 0$$

若位于 $B(x_b, y_b)$ 点，它在直线 OE 上，如图 2.10 所示，有

$$\frac{y_b}{x_b} = \frac{y_e}{x_e}$$

即：
$$F = y_b x_e - x_b y_e = 0$$

若位于 $C(x_c, y_c)$ 点，它在直线 OE 的下方，有

$$\frac{y_c}{x_c} < \frac{y_e}{x_e}$$

即：
$$F = y_c x_e - x_c y_e < 0$$

令 $F = yx_e - xy_e$ 为偏差判别函数，由 F 即可判别刀位点与直线的位置关系，判别方法如下：

$$\begin{cases} F > 0, \text{刀位点在直线上方} \\ F = 0, \text{刀位点在直线上} \\ F < 0, \text{刀位点在直线下方} \end{cases}$$

（2）坐标进给。

由 F 的符号判别进给方向：$\begin{cases} F \geq 0, \text{沿} +x \text{方向走一步} \\ F < 0, \text{沿} +y \text{方向走一步} \end{cases}$

（3）偏差计算公式简化。

设某时第一象限中某点为 $D(x_i, y_i)$，其 F 值为：

$$F_i = y_i x_e - x_i y_e (i \geq 0)$$

① 若经偏差判别后，$F_i \geq 0$，沿 $+x$ 方向走一步，则：

$$\begin{cases} x_{i+1} = x_i + 1 \\ y_{i+1} = y_i \end{cases}$$

因而，新的偏差判别函数为：

$$F_{i+1} = y_{i+1} x_e - x_{i+1} y_e = y_i x_e - (x_i + 1) y_e = y_i x_e - x_i y_e - y_e = F_i - y_e \quad (i \geq 0)$$

② 若经偏差判别后，$F_i < 0$，沿 $+y$ 方向走一步，则：

$$\begin{cases} x_{i+1} = x_i \\ y_{i+1} = y_i + 1 \end{cases}$$

因而，新的偏差判别函数为：

$$F_{i+1} = y_{i+1} x_e - x_{i+1} y_e = (y_i + 1) x_e - x_i y_e = y_i x_e - x_i y_e + x_e = F_i + x_e (i \geq 0)$$

计算时，第一次的偏差值是赋给的（一般令 $F_0 = 0$），其他几次采用偏差递推公式。

（4）终点判断（三种方法）。

① 设置一个减法计数器，在其中存入 $\sum = |x_e| + |y_e|$，x 或 y 坐标方向每进给一步时均在计数器中减去 1，当 $\sum = 0$ 时，停止插补。

② 设置 $\sum x$ 和 $\sum y$ 两个减法计数器，在其中分别存入终点坐标值 x_e 和 y_e，x 或 y 坐标方向每进给一步时，就在相应的计数器中减去 1，直到两个计数器都为 0 时，停止插补。

③ 选终点坐标值较大的坐标作为计数坐标,用其终值作为计数器初值,仅在该轴走步时才减去 1,当减到 0 时,停止插补。

4)圆弧插补

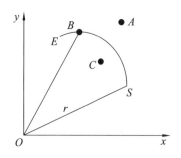

图 2.11　逐点比较法圆弧插补

如图 2.11 所示,逐点比较法圆弧插补的计算过程如下。

(1)偏差计算公式。

以第一象限逆圆弧为例,起点为 S,终点为 E,半径为 r,圆心在原点。再设刀具刀位点某一时刻位于 $A(x_a,y_a)$ 点,它在圆弧 SE 的外部,有:

$$x_a^2+y_a^2>r^2$$

若位于 $B(x_b,y_b)$ 点,它在圆弧 SE 上,有:

$$x_b^2+y_b^2=r^2$$

若位于 $C(x_c,y_c)$ 点,它在圆弧 SE 的内部,有:

$$x_c^2+y_c^2<r^2$$

令 $F=x^2+y^2-r^2$ 为偏差判别函数,由 F 即可判别刀位点与圆弧的位置关系,判别方法如下:

$$\begin{cases}F>0,刀位点在圆弧外部\\F=0,刀位点在圆弧上\\F<0,刀位点在圆弧内部\end{cases}$$

(2)坐标进给。

由 F 的符号判别进给方向:

$$\begin{cases}F\geq0,沿-x\ 方向走一步\\F<0,沿+y\ 方向走一步\end{cases}$$

(3)偏差计算公式简化。

设某时第一象限中某点为 $D(x_i,y_i)$,其 F 值为:

$$F_i=x_i^2+y_i^2-r^2(i\geq0)$$

① 若经偏差判别后,$F_i\geq0$,沿 $-x$ 方向走一步,则:

$$\begin{cases}x_{i+1}=x_i-1\\y_{i+1}=y_i\end{cases}$$

因而,新的偏差判别函数为:

$$F_{i+1}=x_{i+1}^2+y_{i+1}^2-r^2=(x_i-1)^2+y_i^2-r^2=x_i^2-2x_i+1+y_i^2-r^2=F_i-2x_i+1(i\geq0)$$

② 若经偏差判别后,$F_i<0$,沿 $+y$ 方向走一步,则:

$$\begin{cases}x_{i+1}=x_i\\y_{i+1}=y_i+1\end{cases}$$

因而,新的偏差判别函数为:

$$F_{i+1}=x_{i+1}^2+y_{i+1}^2-r^2=x_i^2+(y_i+1)^2-r^2=x_i^2+y_i^2+2y_i+1-r^2=F_i+2y_i+1(i\geq0)$$

实际计算时,第一次的偏差值是赋给的(一般令 $F_0=0$),其他几次采用偏差计算的递推公式。

(4)终点判断。

与逐点比较法直线插补相同。

2. 数字积分法插补（DDA 法）

DDA 法是脉冲增量插补中的一种,它具有运算速度快、脉冲分配均匀、易于实现各坐标联动及描绘平面各种函数曲线的特点,应用比较广泛。其缺点是速度调节不便,插补精度需要采用一定措施才能满足要求,由于计算机有较强的功能和灵活性,采用软件插补时,可克服上述缺点。

1）数学原理

由微积分的基本原理可知,函数 $y=f(t)$ 在区间 $[t_0,t_n]$ 的积分就是该函数曲线与横坐标 t 在区间 $[t_0,t_n]$ 上所围成的面积(见图 2.12),即:

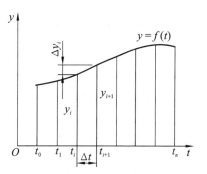

$$s = \int_{t_0}^{t_n} f(t)\mathrm{d}t \tag{2-1}$$

将 $[t_0,t_n]$ 划分为间隔为 Δt 的子区间,当 Δt 足够小时,此面积可看作是许多小矩形面积之和,矩形宽为 Δt,高为 y_i,则:

$$s = \int_{t_0}^{t_n} f(t)\mathrm{d}t = \int_{t_0}^{t_n} y\mathrm{d}t = \sum_{i=1}^{n} y_i \Delta t \xrightarrow{\Delta t \text{取"1"}} \sum_{i=1}^{n} y_i \tag{2-2}$$

图 2.12 DDA 插补原理

因此,可将累加代替积分。

2）直线插补

（1）基本原理。

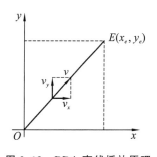

图 2.13 DDA 直线插补原理

以 xOy 平面直线 OE 为例(见图 2.13),起点在原点,终点为 $E(x_e,y_e)$,假定 v_x、v_y 分别表示动点在 x 轴和 y 轴的移动速度,则在 x 轴和 y 轴上的微小移动增量 Δx 和 Δy 为:

$$\begin{cases} \Delta x = v_x \Delta t \\ \Delta y = v_y \Delta t \end{cases} \tag{2-3}$$

对直线函数来说,有:

$$\frac{v_x}{x_e} = \frac{v_y}{y_e} = k \tag{2-4}$$

其中 k 为比例系数,由式(2-3)、式(2-4)得:

$$\begin{cases} \Delta x = k x_e \Delta t \\ \Delta y = k y_e \Delta t \end{cases} \tag{2-5}$$

各坐标轴的位移量为:

$$\begin{cases} x = \int_{0}^{t} v_x \mathrm{d}t = \int_{0}^{t} k x_e \mathrm{d}t \xrightarrow{\text{累加代替积分}} \sum_{i=1}^{m} k x_e \Delta t \\ y = \int_{0}^{t} v_y \mathrm{d}t = \int_{0}^{t} k y_e \mathrm{d}t \xrightarrow{\text{累加代替积分}} \sum_{i=1}^{m} k y_e \Delta t \end{cases} \tag{2-6}$$

因此,DDA 插补的实质是动点从原点走向终点的过程,可以看作是各坐标轴每经过一个单位时间间隔,分别以增量同时累加的过程。

（2）直线插补器。

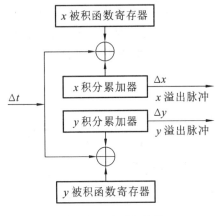

图 2.14　直线插补器

直线插补器（见图 2.14）由两个数字积分器组成，每个坐标的积分器由累加器和被积函数寄存器组成。

终点坐标值存在被积函数寄存器中，相当于插补控制脉冲源发出的控制信号，每发生一个插补迭代脉冲，使被积函数 x 和 y 向各自的累加器里累加一次，当累加器超过累加器容量（设置为一个坐标单位，即一个脉冲当量）时，产生溢出，溢出脉冲驱动伺服系统进给一个脉冲当量。溢出后，余数仍存放在累加器中，实际积分值为：

$$积分值＝溢出脉冲数＋余数 \tag{2-7}$$

用这些溢出脉冲数分别控制相应坐标轴的运动，便能加工出所需直线。

（3）累加器位数。

累加器容量应大于各坐标轴终点坐标值的最大值，一般两者的位数相同（二进制），以保证每次累加最多只溢出一个脉冲，即每次增量 Δx 和 Δy 不大于 1。取 $\Delta t=1$，得：

$$\begin{cases} \Delta x=kx_e<1 \\ \Delta y=ky_e<1 \end{cases} \tag{2-8}$$

若累加器为 N 位，则 x_e 和 y_e 的最大累加器容量为 2^N-1，故有：

$$\begin{cases} \Delta x=kx_e=k(2^N-1)<1 \\ \Delta y=ky_e=k(2^N-1)<1 \end{cases} \tag{2-9}$$

取 $k=\dfrac{1}{2^N}$，可满足上式。

对于二进制，用 N 位累加器存放 x_e 和存放 $kx_e=x_e/2^N$ 的数字是相同的，只是把小数点左移 N 位即可，即认为小数点出现在最高位前面。

（4）终点判断。

若累加次数 $m=2^N$，取 $\Delta t=1$，由式（2-6）得：

$$\begin{cases} x=\sum_{i=1}^{m}kx_e\Delta t=\sum_{i=1}^{2^N}\dfrac{1}{2^N}x_e=\dfrac{2^N}{2^N}x_e=x_e \\ y=\sum_{i=1}^{m}ky_e\Delta t=\sum_{i=1}^{2^N}\dfrac{1}{2^N}y_e=\dfrac{2^N}{2^N}y_e=y_e \end{cases} \tag{2-10}$$

可见，经过 2^N 次累加就可到达终点，因此可用一个与累加器容量相同的计数器 J_E 来实现。其初值为零，每累加一次，J_E 加 1，当累加 2^N 次后，产生溢出，$J_E=0$，完成插补。

3）圆弧插补

（1）基本原理。

设加工第一象限逆圆弧 SE（见图 2.15），起点为 $S(x_s,y_s)$，终点为 $E(x_e,y_e)$，$N(x,y)$ 为圆

弧上任意动点,v_x、v_y 分别表示动点在 x 轴和 y 轴上的分速度。圆弧方程为:

$$\begin{cases} x = R\cos\alpha \\ y = R\sin\alpha \end{cases}$$

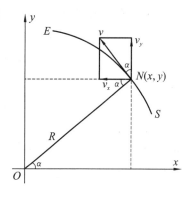

动点 N 的速度为:

$$\begin{cases} v_x = \dfrac{\mathrm{d}x}{\mathrm{d}t} = -v\sin\alpha = -v\,\dfrac{y}{R} = -\left(\dfrac{v}{R}\right)y \\ v_y = \dfrac{\mathrm{d}y}{\mathrm{d}t} = v\cos\alpha = v\,\dfrac{x}{R} = \left(\dfrac{v}{R}\right)x \end{cases}$$

图 2.15　DDA 圆弧插补

在单位时间 Δt 内,x、y 位移增量方程为:

$$\begin{cases} \Delta x = v_x\,\Delta t = -\left(\dfrac{v}{R}\right)y\,\Delta t \\ \Delta y = v_y\,\Delta t = \left(\dfrac{v}{R}\right)x\,\Delta t \end{cases}$$

当 $v = \mathrm{cons}$ 时,令 $\dfrac{v}{R} = k$,则 $\begin{cases} \Delta x = -ky\,\Delta t \\ \Delta y = kx\,\Delta t \end{cases}$,取累加器容量为 2^N,$k = \dfrac{1}{2^N}$,N 为累加器、寄存器的位数,各坐标的位移量为:

$$x = \int_0^t -ky\,\mathrm{d}t \xrightarrow{\text{累加代替积分}} -\frac{1}{2^N}\sum_{i=1}^m y_i\,\Delta t$$

$$y = \int_0^t kx\,\mathrm{d}t \xrightarrow{\text{累加代替积分}} \frac{1}{2^N}\sum_{i=1}^m x_i\,\Delta t$$

（2）圆弧插补器。

图 2.16 所示为圆弧插补器。圆弧插补与直线插补的主要区别有以下两点。

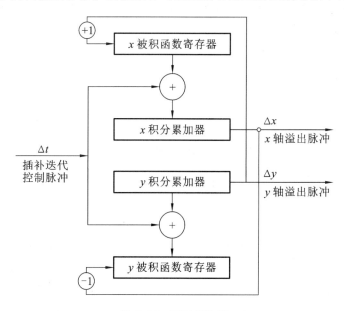

图 2.16　圆弧插补器

① x、y 存入被积函数寄存器中的对应关系与直线插补相反，即 x 存入 y 被积函数寄存器中，y 存入 x 被积函数寄存器中。

② 圆弧的被积函数为动点的坐标，其数值随着加工点的运动而改变，直线插补寄存的是终点坐标值，为常数。

（3）终点判断。

用两个终点计数器 J_{Ex}、J_{Ey}，把 $|x_s-x_e|$、$|y_s-y_e|$ 分别存入这两个计数器中，x 或 y 积分累加器每输出一个脉冲，相应的减法计数器减 1，当某一个坐标的计数器为零时，表明该坐标已到达终点，停止该坐标累加运算，当两个计数器均为零时，插补结束。

任务三　数据采样插补

1. 数据采样插补法的基本原理

数据采样插补是根据用户程序的进给速度，将给定轮廓曲线分割为每一插补周期的进给段，即轮廓步长。

数据采样插补分为粗插补和精插补两步完成：第一步是粗插补，由它在给定曲线起、终点之间插入若干个中间点，用一组微小直线段来逼近曲线；第二步是用脉冲增量插补这些微小直线段。

2. 插补周期的选择

1）插补周期与插补运算时间的关系

插补周期必须大于插补运算所占用 CPU 的时间与完成其他实时任务所需时间之和。

2）插补周期与位置反馈采样周期的关系

插补周期与位置反馈采样周期可以相同，也可以不同。如果不同，一般插补周期应是位置反馈采样周期的整数倍。

3. 插补周期与精度、速度的关系

直线插补时，插补所形成的每一个小直线段与给定直线重合，不会造成轨迹误差。圆弧插补时，用内接弦线或内外均差弦线来逼近圆弧，存在轨迹误差。

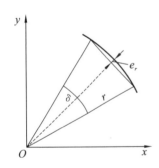

图 2.17　数据采样圆弧插补误差

如图 2.17 所示采用内接弦线逼近圆弧，最大半径误差 e_r 与步距角 δ 的关系为：

$$e_r=r\left(1-\cos\frac{\delta}{2}\right)=r\left\{1-\left[1-\frac{\left(\frac{\delta}{2}\right)^2}{2!}+\frac{\left(\frac{\delta}{2}\right)^4}{4!}-\cdots\right]\right\}$$

由于 $\dfrac{\left(\frac{\delta}{2}\right)^4}{4!}=\dfrac{\delta^4}{384}\ll 1$，$\delta=\dfrac{l}{r}$，$l=TF$，所以：

$$e_r=\frac{\delta^2}{8}r=\frac{l^2}{8r}=\frac{(TF)^2}{8r}$$

上式是插补周期 T 与精度 e_r、半径 r 和速度 F 之间的关系式。

4．直接函数法插补

1）直线插补

如图 2.18 所示，在 xOy 平面加工直线 OE，OE 与 x 轴的夹角为 α，插补进给步长为 $l = TF$，则：

$$\begin{cases} \Delta x = l\cos\alpha \\ \Delta y = \dfrac{y_e \Delta x}{x_e} \end{cases}, \quad \begin{cases} x_{i+1} = x_i + \Delta x \\ y_{i+1} = y_i + \Delta y \end{cases}$$

插补计算可按以下步骤进行：

（1）根据加工指令中的速度值 F，计算轮廓步长 l；

（2）根据终点坐标值 (x_e, y_e) 计算 $\cos\alpha$；

（3）计算 x 轴的进给量 Δx；

（4）计算 y 轴的进给量 Δy。

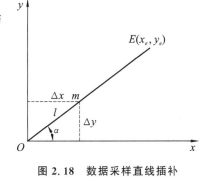

图 2.18　数据采样直线插补

2）圆弧插补

插补图 2.19 所示的顺圆，插补就是由已加工点 $A(x_i, y_i)$ 求出下一点 $B(x_{i+1}, y_{i+1})$，实际上是求在一个插补周期内，x 轴和 y 轴的进给增量 Δx 和 Δy。图 2.19 中几何关系：弦 AB 长为 l，AP 是 A 点的切线，M 是弦的中点，$OM \perp AB$，$ME \perp AF$，E 是 AF 的中点。

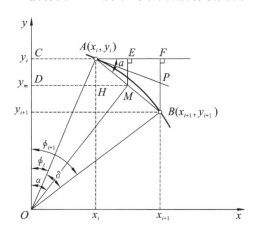

图 2.19　数据采样圆弧插补

$\alpha = \phi_i + \dfrac{\delta}{2}$，在 $\triangle MOD$ 中：

$$\tan\alpha = \tan\left(\phi_i + \frac{\delta}{2}\right) = \frac{DM}{OD} = \frac{x_i + \dfrac{l\cos\alpha}{2}}{y_i - \dfrac{l\sin\alpha}{2}}$$

又因为：$\tan\alpha = \dfrac{FB}{FA} = \dfrac{\Delta y}{\Delta x}$

得出：

$$\frac{\Delta y}{\Delta x} = \frac{x_i + \dfrac{l\cos\alpha}{2}}{y_i - \dfrac{l\sin\alpha}{2}}$$

式中 $\cos\alpha$ 和 $\sin\alpha$ 是未知数，难以求出 Δx 和 Δy，故采用近似算法：用 $\cos45°$ 和 $\sin45°$ 代入上式，得：

$$\tan\alpha \approx \frac{x_i + \dfrac{l\cos45°}{2}}{y_i - \dfrac{l\sin45°}{2}}$$

则：

$$\cos\alpha = \frac{1}{\sqrt{1 + \tan^2\alpha}}$$

因而：

$$\Delta x = l\cos\alpha$$

因为 $A(x_i, y_i)$ 和 $B(x_i + \Delta x, y_i - \Delta y)$ 是圆弧上相邻的两点，满足下列关系式：

$$x_i^2 + y_i^2 = (x_i + \Delta x)^2 + (y_i - \Delta y)^2$$

经展开并整理得：
$$\Delta y = \frac{\left(x_i + \dfrac{\Delta x}{2}\right)\Delta x}{y_i - \dfrac{\Delta y}{2}}$$

则新插补点坐标是：
$$\begin{cases} x_{i+1} = x_i + \Delta x \\ y_{i+1} = y_i - \Delta y \end{cases}$$

上述近似计算 $\tan\alpha$ 将造成 Δx 的偏差，但 B 点仍在圆弧上，$\tan\alpha$ 的近似计算，只造成进给速度的微小偏差，实际进给速度的变化小于指令进给速度的 1%。这种变化在加工中是允许的，完全可以认为插补速度是均匀的。

插补误差主要是径向误差，由 $e_r = \dfrac{(TF)^2}{8r}$ 得：$TF = \sqrt{8e_r r}$，对某一具体插补，插补周期是固定的，当加工的圆弧半径确定后，为了使径向误差不超过容许值，对进给速度要有一个限制：$F \leqslant \dfrac{\sqrt{8e_r r}}{T}$。

【项目实施】

1. 图 2.8 中零件的轮廓轨迹

（1）直线插补：第一象限直线 OE，起点为 $O(0,0)$，终点为 $E(5,3)$。

（2）圆弧插补：第一象限逆圆弧，起点为 $S(4,3)$，终点为 $E(0,5)$。

2. 插补计算过程

1）直线插补

（1）第一象限直线 OE，起点为 $O(0,0)$，终点为 $E(5,3)$，请写出用逐点比较法插补此直线的过程并画出运动轨迹图（脉冲当量为 1）。

插补完这段直线刀具沿 x 和 y 轴应走的总步数为 $\sum = |x_e| + |y_e| = 5 + 3 = 8$，插补运算过程见表 2.1，刀具的运动轨迹如图 2.20 所示。

表 2.1 逐点比较法直线插补运算过程

循环序号	偏差判别	坐标进给	偏差计算	终点判别
	$F \geqslant 0$	$+x$	$F_{i+1} = F_i - y_e$	$J = \sum = |x_e| + |y_e|$
	$F < 0$	$+y$	$F_{i+1} = F_i + x_e$	
0			$F_0 = 0,\ x_e = 5,\ y_e = 3$	$J = 8$
1	$F_0 = 0$	$+x$	$F_1 = 0 - 3 = -3$	$J = 7$
2	$F_1 = -3$	$+y$	$F_2 = -3 + 5 = 2$	$J = 6$
3	$F_2 = 2$	$+x$	$F_3 = 2 - 3 = -1$	$J = 5$
4	$F_3 = -1$	$+y$	$F_4 = -1 + 5 = 4$	$J = 4$
5	$F_4 = 4$	$+x$	$F_5 = 4 - 3 = 1$	$J = 3$
6	$F_5 = 1$	$+x$	$F_6 = 1 - 3 = -2$	$J = 2$
7	$F_6 = -2$	$+y$	$F_7 = -2 + 5 = 3$	$J = 1$
8	$F_7 = 3$	$+x$	$F_8 = 3 - 3 = 0$	$J = 0$

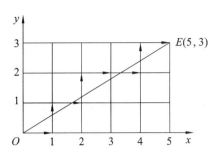

图 2.20　逐点比较法直线插补运动轨迹图

（2）插补第一象限直线 OE，起点为 $O(0,0)$，终点为 $E(5,3)$，写出 DDA 直线插补过程并画出运动轨迹图。

因终点最大坐标值为 5，取累加器、被积函数寄存器、终点计数器均为三位二进制寄存器，即 $N=3$。则累加次数 $n=2^3=8$。插补运算过程见表 2.2，插补运动轨迹见图 2.21。

表 2.2　DDA 直线插补运算过程表

累加次数 (Δt)	x 积分器			y 积分器			终点计数器 (J_E)
	x 被积函数寄存器	x 累加器	x 累加器溢出脉冲	y 被积函数寄存器	y 累加器	y 累加器溢出脉冲	
0	5	0	0	3	0	0	0
1	5	5+0=5	0	3	3+0=3	0	1
2	5	5+5=8+2	1	3	3+3=6	0	2
3	5	5+2=7	0	3	3+6=8+1	1	3
4	5	5+7=8+4	1	3	3+1=4	0	4
5	5	5+4=8+1	1	3	3+4=7	0	5
6	5	5+1=6	0	3	3+7=8+2	1	6
7	5	5+6=8+3	1	3	3+2=5	0	7
8	5	5+3=8+0	1	3	3+5=8+0	1	0

DDA 法在某个插补迭代脉冲到来的时候可能不驱动伺服系统进给，可能沿某一个坐标方向发生进给，也可能沿两个坐标方向都发生进给；而逐点比较法在某个插补迭代脉冲到来的时候只能沿某一个坐标方向发生进给。

2）圆弧插补

（1）第一象限逆圆弧，起点为 $S(4,3)$，终点为 $E(0,5)$，请进行逐点比较法圆弧插补计算并画出运动轨迹图（脉冲当量为 1）。

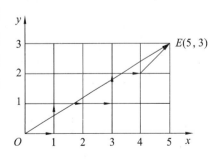

图 2.21　DDA 直线插补运动轨迹图

如图 2.22 所示,插补完这段圆弧刀具沿 x 和 y 轴应走的总步数为 $\sum = |x_e - x_s| + |y_e - y_s| = 4 + 2 = 6$,故可设置一计数器 $G = 6$,x 或 y 坐标方向进给时均在计数器中减去 1,当 $\sum = 0$ 时,停止插补。插补运算过程见表 2.3,刀具的运动轨迹如图 2.22 所示。

表 2.3　逐点比较法圆弧插补运算过程

循环序号	偏差判别	坐标进给	偏差计算	坐标计算	终点判别
	$F \geqslant 0$	$-x$	$F_{i+1} = F_i - 2x_i + 1$		$J = |x_e - x_s| + |y_e - y_s|$
	$F < 0$	$+y$	$F_{i+1} = F_i + 2y_i + 1$		
0			$F_0 = 0$	$x_0 = 4, y_0 = 3$	$J = 6$
1	$F_0 = 0$	$-x$	$F_1 = 0 - 2 \times 4 + 1 = -7$	$x_1 = 3, y_1 = 3$	$J = 5$
2	$F_1 = -7 < 0$	$+y$	$F_2 = -7 + 2 \times 3 + 1 = 0$	$x_2 = 3, y_2 = 4$	$J = 4$
3	$F_2 = 0$	$-x$	$F_3 = 0 - 2 \times 3 + 1 = -5$	$x_3 = 2, y_3 = 4$	$J = 3$
4	$F_3 = -5 < 0$	$+y$	$F_4 = -5 + 2 \times 4 + 1 = 4$	$x_4 = 2, y_4 = 5$	$J = 2$
5	$F_4 = 4 > 0$	$-x$	$F_5 = 4 - 2 \times 2 + 1 = 1$	$x_5 = 1, y_5 = 5$	$J = 1$
6	$F_5 = 1 > 0$	$-x$	$F_6 = 1 - 2 \times 1 + 1 = 0$	$x_6 = 0, y_6 = 5$	$J = 0$

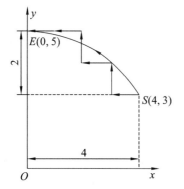

图 2.22　逐点比较法圆弧插补运动轨迹图

（2）第一象限逆圆弧,起点为 $S(4,3)$,终点为 $E(0,5)$,请进行插补计算并画出运动轨迹图（脉冲当量为 1）。

因圆弧半径值为 5,取累加器、被积函数寄存器、终点计数器均为三位二进制寄存器,即 $N = 3$。用两个终点计数器 J_{ex}、J_{ey},把 $|x_s - x_e| = 4$、$|y_s - y_e| = 2$ 分别存入这两个计数器中,插补运算过程见表 2.4,插补轨迹见图 2.23。

表 2.4　DDA 圆弧插补运算过程表

累加次数（Δt）	x 积分器				y 积分器			
	x 被积函数寄存器	x 累加器	x 累加器溢出脉冲	终点计数器（J_{ex}）	y 被积函数寄存器	y 累加器	y 累加器溢出脉冲	终点计数器（J_{ey}）
0	3	0	0	4	4	0	0	2
1	3	$0 + 3 = 3$	0	4	4	$0 + 4 = 4$	0	2
2	3	$3 + 3 = 6$	0	4	4	$4 + 4 = 8 + 0$	1	1
3	4	$6 + 4 = 8 + 2$	1	3	4	$0 + 4 = 4$	0	1
4	4	$2 + 4 = 6$	0	3	3	$4 + 3 = 7$	0	1

续表

累加次数 (Δt)	x 积分器				y 积分器			
	x 被积函数寄存器	x 累加器	x 累加器溢出脉冲	终点计数器 (J_{ex})	y 被积函数寄存器	y 累加器	y 累加器溢出脉冲	终点计数器 (J_{ey})
5	4	6+4=8+2	1	2	3	7+3=8+2	1	0
6	5	2+5=7	0	2	2	停止累加	0	0
7	5	7+5=8+4	1	1	2			
8	5	4+5=8+1	1	0	1			
9	5	停止累加	0	0	0			

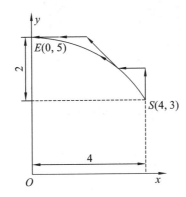

图 2.23　DDA 圆弧插补运动轨迹图

◢ 项目三　CNC 装置的刀具补偿原理 ◣

【教学提示】

　　CNC 装置插补计算刀具运动轨迹时通过刀具补偿功能将理论计算值转换成实际刀具移动轨迹,保证被加工零件的尺寸准确。

【项目任务】

　　如图 2.24(a)所示,数控车刀根据数控程序按照零件轮廓走刀,图 2.24(b)~(e)所示是走刀过程,请阐述加工出来的实际轮廓与图形不符合的原因(其中轮廓为实际零件轮廓)。

【任务分析】

　　要完成该项目任务,应熟悉数控 CNC 系统的刀具补偿原理。

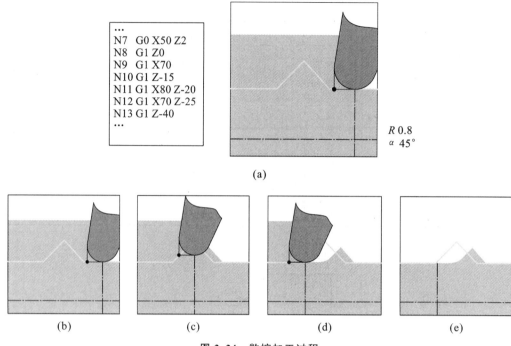

```
...
N7  G0 X50 Z2
N8  G1 Z0
N9  G1 X70
N10 G1 Z-15
N11 G1 X80 Z-20
N12 G1 X70 Z-25
N13 G1 Z-40
...
```

$R\ 0.8$
$\alpha\ 45°$

(a)

(b)　　　　　　　(c)　　　　　　　(d)　　　　　　　(e)

图 2.24　数控加工过程

任务一　刀具长度补偿

1. 为什么要进行刀具补偿

数控系统的刀具补偿即垂直于刀具轨迹的位移,用来修正刀具实际半径或直径与其程序规定的值之差。

数控系统对刀具的控制是以刀架参考点为基准的,零件加工程序给出零件轮廓轨迹,如不作处理,则数控系统仅能控制刀架的参考点实现加工轨迹,但实际上是要用刀具的尖点实现加工的,这样需要在刀架的参考点与加工刀具的刀尖之间进行位置偏置。

这种位置偏置由两部分组成:刀具长度补偿及刀具半径补偿。

当实际刀具长度与编程长度不一致时,利用刀具长度补偿功能可以实现对刀具长度差额的补偿。

加工中心:一个重要的组成部分就是自动换刀装置,在一次加工中使用多把长度不同的刀具,需要有刀具长度补偿功能。

轮廓铣削加工:为刀具中心沿所需轨迹运动,需要有刀具半径补偿功能。

车削加工:可以使用多种刀具,数控系统具备了刀具长度和刀具半径补偿功能,使数控程序与刀具形状和刀具尺寸尽量无关,可大大简化编程。具有刀具补偿功能,在编制加工程序时,可以按零件实际轮廓编程,加工前测量实际的刀具半径、长度等,作为刀具补偿参数输入数控系统,可以加工出符合尺寸要求的零件轮廓。

2. 刀具长度补偿原理

数控车床的数控装置控制的是刀架参考点的位置,实际切削时是利用刀尖来完成,刀具长度补偿是用来实现刀尖轨迹与刀架参考点之间的转换。利用刀具长度测量装置测出刀尖点相对于刀架参考点的坐标,存入刀补内存表中。

图 2.25 中 F 与 S 之间的转换,实际上不能直接测得这两个中心点之间的距离矢量,而只能测得理论刀尖 P 点与刀架参考点 F 之间的距离。

当没有考虑刀具半径补偿时,刀具长度补偿如图 2.25 所示,此种情况下 $R_S=0$,理论刀尖 P 点相对于刀架参考点的坐标 XPF 和 ZPF 可由刀具长度测量装置测出,将 XPF 和 ZPF 的值存入刀具参数寄存器中。XPF 和 ZPF 定义如下:

$$XPF=x_p-x \qquad ZPF=z_p-z$$

式中:x_p、z_p——理论刀尖 P 点坐标;

x、z——刀架参考点 F 的坐标。

当没有刀具半径补偿时,刀具长度补偿的公式为:

$$x=x_p-XPF \qquad z=z_p-ZPF$$

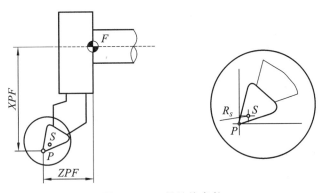

图 2.25　刀具结构参数

P—理论刀尖点;S—刀鼻圆弧中心;Rs—刀鼻半径;F—刀架参考点

式中理论刀尖 P 点坐标 (x_p,z_p) 即为加工零件轨迹坐标,可在零件加工程序中获得。零件轮廓轨迹经上式补偿后,就能由刀尖 P 点实现零件轨迹加工。

当 $R_S\neq0$ 时,则要计算刀具半径补偿,此时,刀具长度补偿需要考虑到刀具的安装方式,如图 2.26 所示。

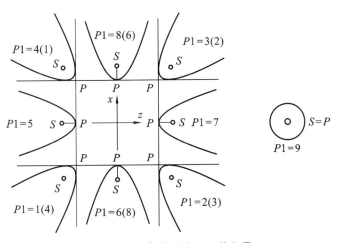

图 2.26　刀鼻圆弧中心 S 的位置

若刀鼻在第一象限时,刀具长度补偿的公式为:

$$x = x_p - R_S - XPF$$
$$z = z_p - R_S - ZPF$$

式中: x_p、z_p——加工零件轮廓轨迹点的坐标;

x、z——刀架参考点 F 的坐标。

加工程序的零件轮廓轨迹经上式补偿后,就能由刀鼻圆弧中心 S 点实现零件加工,当然同时还需要进行刀具圆弧半径补偿。

加工中心上常用刀具长度补偿,首先将刀具装入刀柄,再用对刀仪测出每个刀具前端到刀柄基准面的距离,然后将此值按刀具号码输入到控制装置的刀补内存表中,进行补偿计算。刀具长度补偿是用来实现刀尖轨迹与刀柄基准点之间的转换。在数控立式镗铣床和数控钻床上,因刀具磨损、重磨等而使长度发生改变时,不必修改程序中的坐标值,可通过刀具长度补偿,伸长或缩短一个偏置量来补偿其尺寸的变化,以保证加工精度。

刀具长度补偿由 G43、G44 及 H(D) 代码指定。

任务二　刀具半径补偿

1. 刀具半径补偿的原因

轮廓加工时,刀具中心轨迹总是相对于零件轮廓偏移一个刀具半径值。这个偏移量称为刀具半径补偿量。

刀具半径补偿的作用:根据零件轮廓和刀具半径值计算出刀具中心的运动轨迹,作为插补计算的依据。加工内轮廓时,刀具向零件内偏一个半径值;加工外轮廓时,刀具向零件外偏一个半径值。

刀具半径补偿通常不是程序编制人员完成的,程序编制人员只是按零件图纸的轮廓编制加工程序同时用指令 G41、G42 告诉 CNC 系统刀具是按零件内轮廓运动还是按外轮廓运动。

实际的刀具半径补偿是在 CNC 系统内由计算机自动完成的。

2. 刀具半径补偿的过程

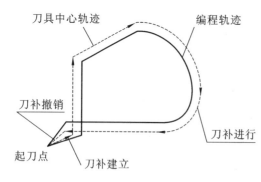

图 2.27　刀具半径补偿建立过程

在切削过程中,刀具半径补偿的过程分为三个步骤,如图 2.27 所示。

1)刀补建立

刀具从起刀点接近工件,在原来的程序轨迹基础上伸长或缩短一个刀具半径值,即刀具中心从与编程轨迹重合过渡到与编程轨迹距离一个刀具半径值。在该段中,动作指令只能用 G00 或 G01。

2)刀补进行

刀具补偿进行期间,刀具中心轨迹始终偏离编程轨迹一个刀具半径的距离。在此状态下,G00、G01、G02、G03 都可使用。

3）刀补撤销

刀具撤离工件,返回原点,即刀具中心轨迹从与编程轨迹相距一个刀具半径值过渡到与编程轨迹重合。此时也只能用 G00、G01。

3. B(basic)功能刀具半径补偿

B 功能刀具半径补偿的特点是刀具中心轨迹的段间连接都是圆弧,这种补偿方法计算简单,但存在以下不可避免的问题:加工外轮廓尖角时,刀具中心在通过连接圆弧轮廓尖角时始终处于切削状态,使零件的轮廓尖角被加工成小圆角;加工内轮廓时,要由编程人员人为地编进一个辅助加工的,比刀具半径大的过渡圆弧,一旦疏忽,就会因刀具干涉而产生过切现象。

B 功能刀具半径补偿采用读一段,算一段,走一段的处理方法,故无法预计刀具半径造成的下一段轨迹对本段轨迹的影响。

刀具半径补偿计算,对于直线轮廓控制是计算出刀具中心轨迹的起点和终点坐标值;对于圆弧轮廓而言,是算出刀补后圆弧的起点和终点坐标值及刀具补偿后的圆弧半径值。

1）直线段刀具补偿计算

如图 2.28(a)所示,求 A' 坐标:

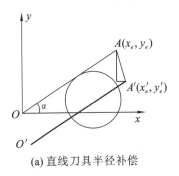

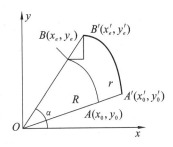

(a) 直线刀具半径补偿 　　(b) 圆弧刀具半径补偿

图 2.28 刀具半径补偿计算原理

$$\begin{cases} x'_e = x_e + \dfrac{r y_e}{\sqrt{x_e^2 + y_e^2}} \\ y'_e = y_e + \dfrac{r x_e}{\sqrt{x_e^2 + y_e^2}} \end{cases}$$

2）圆弧段刀具补偿计算

如图 2.28(b)所示,求 B' 坐标:

$$\begin{cases} x'_e = x_e + \dfrac{r x_e}{R} \\ y'_e = y_e + \dfrac{r y_e}{R} \end{cases}$$

4. C(complete)功能刀具补偿概念

C 功能刀具补偿采用一次对两段并行处理的方法。先处理本段,再根据下一段来确定刀具中心轨迹的段间过渡状态,从而完成本段刀补运算处理。

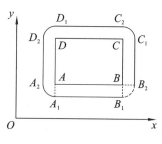

图 2.29　零件轮廓

加工图 2.29 所示外部轮廓零件 $ABCD$ 时,由 AB 直线段开始,接着加工直线段 BC,根据给出的两个程序段,按 B 刀补处理后可求出相应的刀具中心轨迹 A_1B_1 和 B_2C_1。

事实上,加工完第一个程序段,刀具中心落在 B_1 点上,而第二个程序段的起点为 B_2,两个程序段之间出现了断点,只有刀具中心走一个从 B_1 至 B_2 的附加程序,即在两个间断点之间增加一个半径为刀具半径的过渡圆弧 B_1B_2,才能正确加工出整个零件轮廓。

可见,B 刀补采用了读一段,算一段,再走一段的控制方法,这样,无法预计到由于刀具半径所造成的下一段加工轨迹对本程序段加工轨迹的影响。

为解决下一段加工轨迹对本段加工轨迹的影响,在计算本程序段轨迹后,提前将下一段程序读入,然后根据它们之间转接的具体情况,再对本段的轨迹作适当修正,得到本段正确的加工轨迹,这就是 C 功能刀具补偿。

C 刀补工作过程如图 2.30 所示:刀补开始后,先将第一程序段 P_1 读入 BS,算得此程编轨迹并送到 CS 暂存后,又将第二段程序 P_2 读入 BS,算出第二段程编轨迹。对两段程编轨迹的连接方式进行判别,根据判别结果,再对 CS 中的第一段程编轨迹作相应的修正。修正结束后,按顺序将修正后的第一段程编轨迹由 CS 送入 AS,第二段程编轨迹由 BS 送入 CS。随后,由 CPU 将 AS 中的内容送到 OS 进行插补运算,运算结果送到伺服装置予以执行。

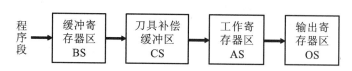

图 2.30　C 刀补工作过程方框图

【项目实施】

根据图 2.24 所示数控车床加工零件的过程,数控指令程序描述的是刀位点的走刀轨迹,而刀位点和实际刀具切削刃并不重合,如图 2.31(a)所示,相差一个刀具半径,故根据数控装置刀具半径补偿功能,数控装置按照零件图纸偏移一个刀具半径后,实际刀位点如图 2.31(b)~(d)所示走刀(图中深色轮廓),加工完成后实际轮廓和零件图一致。

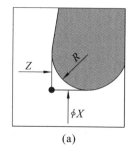
(a)

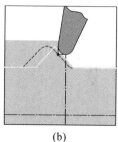
(b)

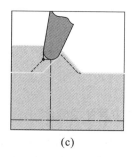
(c)

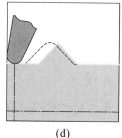
(d)

图 2.31　刀具半径补偿后刀具轨迹

【习题思考】

2-1 CNC 装置的软件由几部分组成？软件结构的特点是什么？

2-2 加工第一象限直线 OE，起点 $O(0,0)$，终点 $E(5,7)$，采用逐点比较法插补，试写出插补计算过程并绘制插补轨迹。

2-3 加工第一象限逆时针圆弧 AE，起点 $A(5,0)$，终点 $E(0,5)$，采用逐点比较法插补，试写出插补计算过程并绘制插补轨迹。

2-4 加工第一象限逆时针圆弧 PQ，起点 $P(7,0)$，终点 $Q(0,7)$，采用数字积分法插补，寄存器均为三位（或四位），试写出插补计算过程并绘制插补轨迹。

2-5 刀具长度补偿、刀具半径补偿分别是什么意思？

模块三　工艺分析与数值计算

◀ 项目一　数控加工工艺特点 ▶

【教学提示】

数控机床严格按照外部输入的程序来自动地对被加工零件进行加工。无论是手工编程还是数控自动编程，理想的程序应该能保证加工出符合图样要求的合格产品，并且能够发挥数控机床的功能，安全、可靠、高效地完成加工。故数控加工工艺分析是数控编程前的主要准备工作。

【项目任务】

图3.1所示零件应该选择何种机床加工？具体加工步骤是什么？

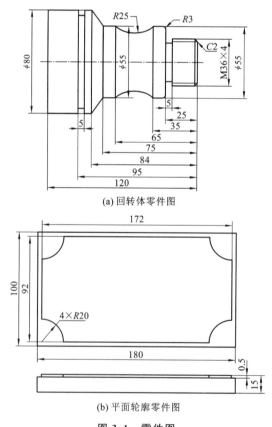

(a) 回转体零件图

(b) 平面轮廓零件图

图3.1　零件图

【任务分析】

要完成该项目任务,就需要掌握各种数控机床加工零件的范围及加工工艺要求。

任务一 数控加工工艺基础

1. 加工方法的选择

使用数控机床加工零件,应考虑机床的运动过程、工件的加工工艺过程、刀具的形状及切削用量、走刀路线等比较广泛的工艺问题。这就是说要编制一个合理的、实用的加工程序,首先要求编程员是一个好的工艺员。

根据工件的尺寸精度、形状及其他技术条件进行工艺分析,再结合工件的加工数量,合理地选用数控机床。一般来说,工件的复杂程度高,精度要求高,多品种、小批量的生产,采用数控加工能获得较高的经济效益。

在选择数控机床的种类时,若被加工工件是圆柱形、圆锥形、各种成形回转表面、螺纹以及各种盘类工件并进行钻、扩、镗孔加工,可选用数控车床;对于箱体、箱盖、盖板、壳体、平面凸轮,可选用立式数控铣镗床或立式加工中心;对于复杂曲面、叶轮、模具,可选用三坐标联动数控铣床;对于复杂的箱体、泵体、阀体、壳体,可选用卧式数控铣镗床或卧式加工中心。

2. 加工工序的编排原则

从保证数控机床的精度,延长数控机床的使用寿命,降低数控机床的使用成本等方面考虑,工件的粗加工应尽可能安排在普通机床上加工,而将精加工或半精加工安排在数控机床上加工。

在数控机床上加工时,其加工工序一般按如下原则编排。

(1)按工序集中划分工序的原则:就是在安排加工工序时,充分考虑数控机床的特点,尽可能在一次装夹中完成全部工序。如在数控车床上加工轴类工件时,为保证内外圆柱面的同轴度或圆柱面与端面的垂直度要求,尽可能在一次装夹中完成加工。在加工中心上加工孔与端面有垂直度要求或平面与平面之间有位置度要求时,也应该尽可能在一次装夹中完成加工。

(2)按刀具划分工序的原则:为了减少换刀次数,减少空行程时间,消除不必要的定位误差,可按刀具划分工序的方法加工工件,即在一次装夹中,应尽可能用同一把刀具加工完工件上要求相同的部位后,再换另一把刀具加工。

(3)按粗、精加工划分工序的原则:在数控机床上加工工件时,考虑工件加工精度的不同,应将粗、精加工工序分开进行。一方面可使粗加工引起的各种变形得到恢复,另一方面能及时发现毛坯的缺陷。如在数控车床上加工轴类工件时,采用粗车、半精车、精车、螺纹加工的工艺路线。在数控铣床或加工中心上铣平面、台阶或其他曲面时,采用粗铣、半精铣、精铣的工艺路线。镗孔时也应该先进行粗镗、半粗镗或钻、扩后半精镗,再进行精镗加工。对几何形状、误差和表面质量要求较高的孔,就需要多次精镗。

(4) 按先面后孔划分工序的原则:对既要加工平面又要加工孔的工件,为提高孔的位置精度,应先加工面,后加工孔。这与普通机床的加工原则是一样的。在加工深孔时,要采用分级进给的方法,防止钻头折断。

3.工件的装夹

在数控机床上进行工件定位安装与普通机床一样,也要合理选择定位基准和夹紧方案。选择的定位方式应具有较高的定位精度,考虑夹紧方案时,要注意夹紧力的作用点和作用方向。

编程人员一般不进行数控加工的夹具设计,而是选用夹具或参与夹具设计方案的讨论。在选择夹具时,一般应注意以下几点。

(1) 尽量采用组合夹具,必要时才设计专用夹具,并且要保证夹具的坐标方向与机床的坐标方向相对固定,同时协调工件和机床坐标系之间的尺寸关系。夹具在机床上定位、夹紧时要迅速、精确,并应考虑使用气动、液压或电动等自动夹紧机构,以减少调整时间。定位夹紧机构应可靠,并考虑不要妨碍刀具对工件各部位的多面加工。

(2) 工件的定位基准应与设计基准保持一致,注意防止过定位干涉现象,且便于工件的安装,决不允许出现欠定位的情况。箱体工件最好选择一面两销作为定位基准。定位基准在数控机床上要细心找正,否则加工出来的工件绝对不会是高精度的产品。为了找正方便,有的机床,例如卧式加工中心工作台侧面安装有专用定位板。对于形状不规则或测定工件原点不方便的工件,可在夹具上设置找正定位面,以便设置工件原点。同时,选择定位方式时应尽量减少装夹次数。有些工件需要二次装夹时,应尽量采用同一定位基准以减少定位误差。

(3) 由于在数控机床上通常一次装夹即可完成工件的全部工序,因此应防止工件夹紧引起的变形造成对工件加工的不良影响。夹紧力的作用点应靠近主要支撑点或在支撑点所组成的三角形区域内,力求靠近切削部位。对薄壁工件应考虑采取在粗加工后精加工前变换夹紧力(适当减小)的措施。

(4) 夹具在夹紧工件时,要使工件上的加工部位开放,夹紧机构上的各部件不得妨碍走刀。

(5) 尽量使夹具的定位、夹紧装置各部位无切屑积留,以方便清理。

4.对刀点和换刀点位置的确定

在编制程序时,要正确选择对刀点和换刀点的位置。

对刀点是指用数控机床加工工件时,刀具相对于工件运动的起点。因为加工程序是从这一点开始编写的,因此,对刀点也称为程序起点或起刀点。

选择对刀点的原则如下。

(1) 便于数学处理(基点和节点的计算)和使程序编制简单。

(2) 在机床上容易找正。

(3) 加工过程中便于测量检查。

（4）引起的加工误差小。

对刀点既可以设在工件上（如工件上的设计基准或定位基准），也可以设在夹具或机床上（夹具或机床上设相应的对刀装置）。若设在夹具或机床上的某一点，则该点必须与工件的定位基准保持一定精度的尺寸关系，如图3.2所示，这样才能保证机床坐标系与工件坐标系的关系。为了提高工件的加工精度，对刀点应尽量选择在工件的设计基准或工艺基准上。如以孔定位的工件，对刀点应该放在孔的中心线上，这样不仅便于测量，而且也能减少误差，提高加工精度。

对刀时，应使刀位点与对刀点重合。所谓刀位点是指车刀、镗刀的刀尖；钻头的钻尖；立铣刀、端面铣刀刀头底面的中心；球头铣刀的球头中心。对刀点找正的准确度直接影响加工精度。因此，找正方法的选择应与零件的加工精度相适应。目前工厂常用的找正方法是将千分表装在机床主轴上而后转动机床的主轴，使刀位点与对刀点相一致，一致性好即对刀精度高。用千分表找正，找正花费的时间较长，效率较低。为减少找正时间和提高找正精度，可以使用对刀仪。对刀仪是提高数控机床使用效率必不可少的设备之一。

对刀仪根据检测对象分类，有数控车床用对刀仪和数控镗铣床、加工中心用对刀仪，也有综合两种功能的综合对刀仪。

图3.3所示是数控车床上使用的一种光学对刀仪外形图，使用时把对刀仪固定安装在车床床身的某一位置，然后将基准刀安装在刀架上，调整对刀仪的镜头位置，使显微镜内的十字线交点对准基准刀的对刀点，以此作为其他刀具安装时的基准。这种对刀方法精度不高。

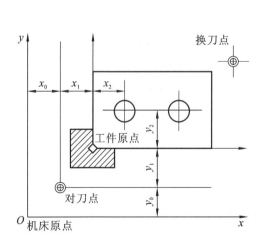

图3.2　对刀点和换刀点的确定

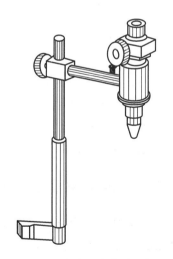

图3.3　车床用光学对刀仪

图3.4所示是锥柄类刀用对刀仪示意图。该对刀仪由锥柄定位机构、测量头、尺寸测量机构和测量数据处理装置四部分组成。为了使刀具定位基准面与对刀仪的锥孔可靠接触，在锥孔的底部有拉紧机构；锥孔主轴还配有很高回转精度的旋转机构，以便找出刀具上刀齿的最高点；对刀仪主轴中心线对测量轴有很高的平行度和垂直度要求；主轴的轴向尺寸基准

与机床主轴一致。测量头有接触式和非接触式两种,图 3.3 所示是接触式,测量用百分表,测量精度为 0.002~0.01 mm,比较直观,但容易损坏表头和切削刀刃;非接触式测量用得较多的是投影光屏,测量精度在 0.005 mm 左右。尺寸测量机构带动测量头移动,测得 Z 轴和 X 轴方向尺寸,即刀具的轴向尺寸和半径尺寸。测量的数据在加工时可以手工输入,也可用计算机进行存储、管理,加工时对刀具的长度和半径进行自动补偿。

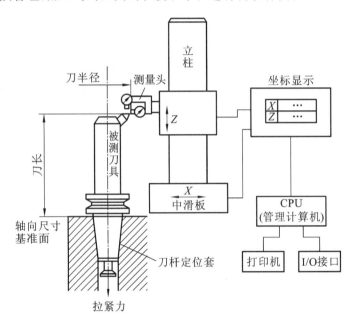

图 3.4 对刀仪示意图

对刀点不仅是程序的起点,往往也是程序的终点。因此在批量生产中,要考虑对刀点的重复定位精度。一般来说,刀具在加工一段时间后或每次启动机床时,都要进行一次刀具回机床原点或参考点的操作,以减少对刀点的积累误差。

具有自动换刀装置的数控机床,如加工中心等,在加工中要自动换刀,还要设置换刀点。换刀点的位置根据换刀时刀具不碰撞工件、夹具、机床的原则确定。一般换刀点设置在工件或夹具的外部,并且应该具有一定的安全量。

任务二 加工路线的选定

加工路线,也就是走刀路线,是指数控机床在加工过程中刀具中心(严格来说是刀位点)的运动轨迹和方向。加工路线是编写程序的依据之一。在编写加工程序时,主要编写刀具的运动轨迹和方向。编程时,确定加工路线的原则主要有以下几点。

(1) 应尽量缩短加工路线,减少空刀时间以提高加工效率。

图 3.5 所示是均布在两个圆周上的十六个孔,按一般规律是先加工均布在同一圆周上的八个孔后,再加工另一圆周上的孔[见图 3.5(a)]。但这并不是最短的加工路线,应按图 3.5(b)所示的加工路线进行加工,使各孔间距离的总和最小,以节省加工工时。

(2) 能够使数值计算简单,程序段数量少,简化程序,减少编程工作量。

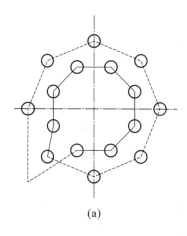 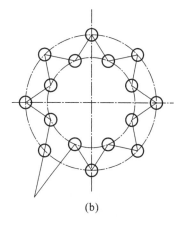

(a)   (b)

图 3.5　最短加工路线的选择

如对多次重复的加工动作,可编写成子程序,由主程序多次调用来完成加工。图 3.6 所示是加工一系列孔径、孔深和孔距都相同的孔。每一个孔的加工循环动作都是一样的。这时,可以把加工孔的循环运动编写成一个子程序,由一个主程序多次调用,完成整个加工过程,不仅简化了编程,而且程序长度也缩短了。

(3) 使被加工工件具有良好的加工精度和表面质量(如表面粗糙度)。

在数控铣床上加工平面轮廓图形时,要安排好刀具切入和切出的加工路线,避免因交接处重复切削或法线方向切入切出而在工件表面留下刀痕。

图 3.7 所示为工件外轮廓表面铣削加工示意图。刀具从起刀点沿工件轮廓表面的切线方向切入,进行曲面的加工,加工完成开始退刀时,为防止产生刀痕,不能直接沿法向退刀,而是顺着工件曲线表面切线方向退刀,并退出一段距离,以防止取消刀具半径补偿时,刀具和工件表面发生碰撞,造成工件报废。同样,在铣削内孔时,也应遵循切线方向切入和切出的原则。

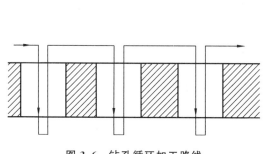

图 3.6　钻孔循环加工路线

图 3.7　刀具切入和切出

在铣削加工中顺铣和逆铣得到的表面质量是不同的。在精铣时,应尽量采用顺铣,以利于提高工件的表面质量。

为了提高工件的加工精度,可采用多次走刀法,这样能控制变形误差。

(4) 确定轴向移动尺寸时,应考虑刀具的引入长度和超越长度。

加工工件时,工件的进给距离应当是刀具的引入长度 δ_1、工件加工长度 L 和刀具的超越

长度 δ_2 之和,如图 3.8 所示。常用刀具的引入长度和超越长度可参考表 3.1。

表 3.1　常用刀具的引入长度 δ_1 和超越长度 δ_2　　　　　　　　　　　　　mm

工序名称		钻　孔	镗　孔	铰　孔	攻　丝
引入长度	加工表面	2～3	3～5	3～5	5～10
	毛坯表面	5～8	5～8	5～8	5～10
超越长度		$d/3+(3\sim8)$	5～10	10～15	10～15

在数控车床上加工螺纹时,因为开始加速时和加工结束减速时主轴转数和螺距之间的速比不稳定,加工螺纹会发生乱扣现象,因此也要有引入长度 δ_1 和超越长度 δ_2,如图 3.9 所示。这样可以避免在进给机构加速或减速阶段进行螺纹切削。一般 δ_1 取 2～5 mm,螺纹精度要求较高时取大值,δ_2 一般可取 δ_1 的 1/4。

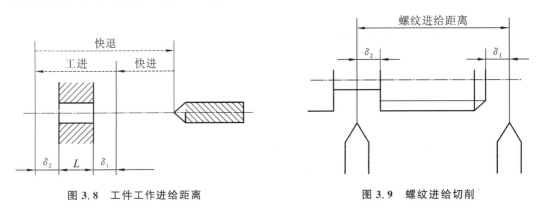

图 3.8　工件工作进给距离　　　　　　　　图 3.9　螺纹进给切削

(5) 镗孔加工时,若位置精度要求较高,加工路线的定位方向应保持一致。

如图 3.10 所示,工件上有四个需要加工的孔,有两种加工方案。图 3.10(a)所示方案是按照孔 1、孔 2、孔 3 和孔 4 的加工路线完成的,由于孔 4 的定位方向与孔 1、孔 2、孔 3 方向相反,X 轴的反向间隙会使定位误差增加,影响孔间位置精度。图 3.10(b)所示方案则是加工完孔 2 之后,刀具向 X 轴反方向移动一段距离,越过孔 4 后,再向 X 轴正方向移至孔 4 进行加工,再移到孔 3 进行加工,因定位方向一致,孔间位置精度较高。

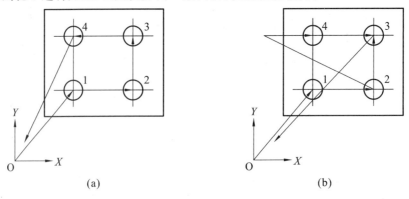

(a)　　　　　　　　　　　　　　　　(b)

图 3.10　镗孔加工路线示意图

任务三 刀具及切削用量的选择

1. 刀具的选择

提高数控机床的加工效益,刀具是一个十分关键的因素。数控机床在选用刀具时,通常要考虑机床的加工能力、工序内容、工件材料等因素。与普通机床加工方法相比,数控机床加工对刀具提出了更高的要求。一般来说,数控机床用刀具除了要求刚性好、较长的寿命和较好的尺寸稳定性、良好的断屑性能外,还要求安装调整方便。

在铣削平面时,应选用镶不重磨多面硬质合金刀片的端铣刀和立铣刀。粗铣平面时,因被加工表面质量不均匀,选择铣刀时直径要小一些。精铣时,铣刀直径要大一些,最好能包容加工面的整个宽度。

在铣削立体型面和变斜角轮廓外形时,常用球头铣刀、环形刀、鼓形刀、锥形刀和盘铣刀。球头铣刀和环形刀用来加工曲面立体。鼓形刀和锥形刀用来加工一些变斜角工件,这是在单件或小批量生产中取代多坐标联动机床加工的一种变通办法。盘铣刀在五坐标联动的加工中具有良好的效果。

由此可见,选择刀具的几何形状应依据加工曲面的具体情况而定。在内轮廓加工中,应注意刀具半径要小于轮廓曲线的最小曲率半径,如图 3.11 所示;在自动换刀机床中要预先测出刀具的结构尺寸和调整尺寸,以便在加工时进行刀具补偿。

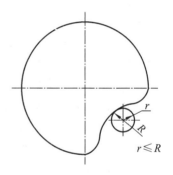

图 3.11 刀具半径的选择

刀具的配备:数控机床加工工件在一次装夹加工过程中,常常要使用多把刀具。而数控机床加工时就根据程序指令实现自动换刀,因此刀具的配备极为重要。配备刀具时应注意如下几点。

(1)尽量使工件的形状、尺寸标准化,以减少刀具的种类,实现不换刀或少换刀,缩短准备和调整时间。

(2)使刀具规格化和通用化,以减少刀具种类,便于刀具管理。

(3)尽可能采用可转位刀片。

(4)采用高效率切削的刀具。

数控车床的刀具系统,常用的有两种形式,一种是刀块形式,用螺钉夹紧,凸键定位,夹紧牢固,定位可靠,刚性好,但换装费时,不能自动夹紧,如图 3.12 所示。另一种是圆柱齿条式刀柄车刀系统,可实现自动夹紧,换装也快捷,但刚性比刀块式的稍差,如图 3.13 所示。

对于加工中心和镗铣类数控机床,刀具系统的刀柄锥度为 7∶24,这种锥柄不会自锁,但换刀方便,并且有较高的定心精度。锥孔大小分为 30、35、40、45、50 号。现在国内使用的工具系统大都是整体式 TSG 工具系统,TSG 工具刀柄系列分为以下几类。

A 类,钻孔加工用刀柄,用于安装钻夹头、锥柄钻头、铰刀等。

B 类,铣刀刀柄,用于安装套式面铣刀、端铣刀、立铣刀及三面刃铣刀等。

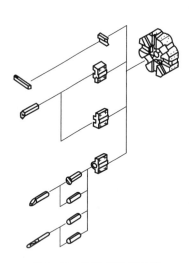

图 3.12　刀块式车刀系统

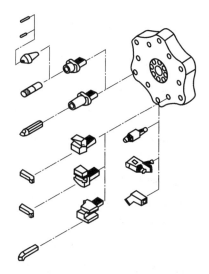

图 3.13　圆柱齿条式刀柄车刀系统

C 类,镗刀刀柄,用于安装粗镗刀、微调精镗刀及平面镗刀等。

D 类,弹簧夹头刀柄。

E 类,特殊刀柄,用于安装攻丝夹头及接长杆刀柄等。

F 类,模块式刀柄,头部形式与以上几类相同,每个组装刀柄分为柄部、接杆、头部几个部分,按使用要求进行拼装。

G 类,高效复合刀柄,按使用要求,用模块化设计复合多刀、多刃加工刀柄。

H 类,接触式测头刀柄。

需要注意的是,在添置刀柄时,除注意刀柄锥度和尺寸与机床主轴锥孔相符之外,还要注意机械手的夹持部位和尾部的拉钉是否与机床上的机构相匹配。

2. 切削用量的确定

切削用量是指主轴转速、进给速度和背吃刀量。切削用量各参数在编程时都要编入加工程序中,或者在加工前预先调好机床的转速。切削用量各参数应根据机床说明书、手册并结合实践经验确定。

1) 主轴转速 n

主轴转速根据允许的切削速度来确定:

$$n = 1000v/\pi D$$

式中:v——切削速度(m/min),根据刀具寿命来确定。根据工厂经验,切削速度常选为 100～200 m/min;

　　　D——工件或刀具直径(mm);

　　　n——主轴转速(r/min)。根据计算所得的值,查找机床说明书确定标准值。

2) 进给速度(进给量)F(mm/min 或 mm/r)

进给速度根据工件的加工精度和表面粗糙度要求以及刀具和工件材料进行选择。最大进给速度受到机床刚度和进给系统性能制约,不同的机床和系统,最大进给速度不同。当加工精度和表面粗糙度质量要求高时,进给速度应选小一些,通常在 20～50 mm/min 范围内选取。需要说明的是,一般数控机床上都有倍率开关,能够控制数控机床的实际进给速度,因此,在数控编程时,可以给定一个比较大的进给速度,而在实际加工时由倍率进给确定实际的进给速度。

3)背吃刀量

背吃刀量由机床、夹具、刀具、工件组成的工艺系统的刚度确定。在系统刚度允许的情况下,尽量选取背吃刀量等于加工余量,这样可以减少加工次数,提高加工效率。对于质量要求较高的工件,可以留少量的加工余量以便最后进行精加工。

任务四 数控加工工艺卡

1. 数控加工工艺规程卡

将机械零件制造工艺过程及其中各工序的内容,采用表格或卡片形式规定的文件,称为机械加工工艺规程,相应的卡片称为工艺规程卡。

一般情况下,机械零件往往是一件或几件为一个批次进行加工生产的,即所谓单间生产。表3.2所示为数控加工工艺卡。

表 3.2 数控加工工艺卡

数控加工工艺卡	产品名称		材 料		工 艺 员		共 页	
	零件名称		数 量		日 期		第 页	
工 序	工序名称	工艺内容	工艺装备	工 序 简 图				备 注
1								
2								

2. 数控加工工序卡

数控加工工序卡,指单个零件所在数控机床上完成的数控加工工艺内容,一般指在某台数控机床上完成的部分加工工序,即零件加工工序卡片,如表3.3所示。

表 3.3 数控加工工序卡

工 件 名 称			数量/个			日 期		
工 件 材 料			尺寸单位			工 作 者		
工 件 规 格						备 注		
工 序	名 称	工艺要求						
		工 步	工步内容	刀 具 号	刀 具 类 型	主 轴 转 速	进 给 速 度	
1								
2								

(1)工序:指一个或一组工人,在一个工作地点对同一个或同时对几个工件进行加工所连续完成的那一部分工艺过程。

（2）工步：指在零件加工表面和工具都不变的情况下所连续完成的那一部分内容。

【项目实施】

1. 回转体零件

1）零件图分析

图 3.1(a)所示工件由外圆柱面、外圆锥面、圆弧面、螺纹面构成，毛坯材料为中碳钢，尺寸为 ϕ82 mm×140 mm 棒料，故采用数控车床加工该零件。

2）确定工件的装夹方式

由于这是一个实心轴类零件，并且轴的长度不长，所以采用轴的左端面和 ϕ82 mm 外圆作为定位基准。使用三爪自定心卡盘夹紧工件，取工件的右端面中心为工件坐标系的原点，换刀点选在(150,60)处。

3）确定数控加工刀具及加工工序卡

根据零件的外形和加工要求，选用如下刀具：T01 为 90°外圆粗车刀；T02 为 35°外圆精车刀；T03 为 60°螺纹车刀；T04 为切槽刀。以 T01 号刀具为对刀基准，分别测出其余 3 把刀的位置偏差进行补偿，该工件的数控加工工序卡如表 3.4 所示。

表 3.4　数控车加工工序卡

工件名称	轴		数量/个		15		日　　期	
工件材料	中碳钢		尺寸单位		mm		工　作　者	
工件规格	ϕ80×120						备　　注	
			工　艺　要　求					
工　序	名　　称	工步	工步内容	刀具号	刀具类型	主轴转速 /(r·min^{-1})		进给速度 /(mm·r^{-1})
1	下料	ϕ82×140 棒料 15 根						
2	车	车外圆到 ϕ80						
3	数控车	1	车端面	T01	90°外圆车刀	1200		0.25
		2	粗车外圆	T01	90°外圆车刀	1000		0.25
		3	精车外圆	T02	35°外圆车刀	1500		0.15
		4	切槽	T04	切槽刀	800		0.1
		5	车螺纹	T03	螺纹车刀	800		0.2~1.2
		6	切断,保证长度 120	T04	切槽刀	800		0.1
4	检验							

2. 平面轮廓零件

1）零件图分析

如图 3.1(b)所示零件，其二维轮廓图形由直线、圆弧组成，毛坯材料为中碳钢，尺寸为

180 mm×100 mm×15 mm 板材,故采用立式数控铣床加工该零件。

2)确定工件的装夹方式

根据毛坯形状,采用虎钳装夹,下方辅以平行垫片,保证毛坯高出虎钳上表面 5 mm。

3)确定数控加工刀具及加工工序卡

零件加工无特殊要求,采用立式数控铣床加工该零件,因零件材料较薄,尺寸精度要求不高,故选用 T01 为 $\phi 80$ mm 的面铣刀铣削工件上表面,向下铣削 0.1 mm;用 T02 为 $\phi 20$ mm、刀刃长度大于 20 mm 的平底刀铣削周边轮廓,拟采用粗、精加工完成零件轮廓的加工,粗加工直接按照计算出的基点坐标走刀,并利用数控系统的刀具半径补偿功能将精加工余量留出,精加工余量为 0.2 mm;翻转零件;再用 $\phi 80$ mm 的面铣刀铣削工件下表面,向下铣削 0.1 mm,完成加工。该工件的数控加工工序卡如表3.5所示。

表 3.5 数控铣加工工序卡

工件名称		板	数量/个		15	日 期		
工件材料		中碳钢	尺寸单位		mm	工 作 者		
工件规格						备 注		
工序	名称	工艺要求						
		工步	工步内容	刀具号	刀具类型	刀具直径/mm	主轴转速/(r·min⁻¹)	进给速度/(mm·r⁻¹)
1	下料	180×100×15 板料一块						
2	数控铣	1	铣上表面	T01	面铣刀	$\phi 80$	1500	500
		2	粗铣周边轮廓	T02	平底刀	$\phi 20$	1000	300
		3	精铣周边轮廓	T02	平底刀	$\phi 20$	1200	100
3	翻转零件	定位夹紧找正						
4	数控铣	工步	工步内容	刀具号	刀具类型	刀具直径/mm	主轴转速/(r·min⁻¹)	进给速度/(mm·r⁻¹)
		1	铣下表面	T01	面铣刀	$\phi 80$	1500	500
5	检验							

项目二 数控加工编程的数值计算

【教学提示】

零件的轮廓形状和合格的尺寸信息需要编入数控程序中,故根据零件图形的数学处理,即数值计算是数控编程前必须完成的工作,它是保证零件产品合格的基础。

【项目任务】

如图 3.14 所示的零件图,如何确定该零件在加工数控编程中的加工路线?

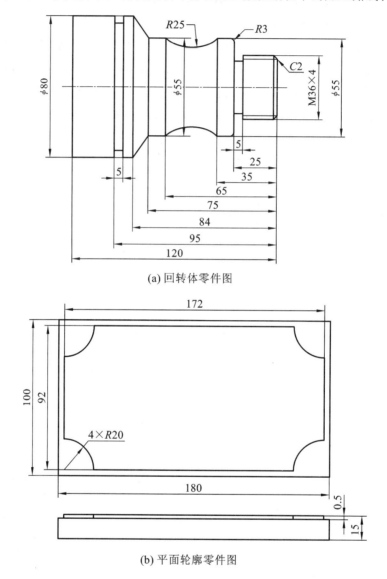

(a) 回转体零件图

(b) 平面轮廓零件图

图 3.14　零件图

【任务分析】

要完成该项目任务,就需要掌握数控编程过程中数值计算的方法。

任务一　数值计算基础

1. 数值计算概述

根据零件图样,按照已确定的加工路线和允许的编程误差,计算数控系统所需输入的数据,称为数控加工编程数值计算。编程时的数值计算,主要是计算零件加工轨迹的尺寸,即计算零点轮廓的基点和节点坐标,或刀具中心轨迹的基点和节点的坐标,以便编制加工程序。除了点位加工的情况外,一般需要经烦琐、复杂的数值计算。为了提高效率,降低出错率,有效的途径是利用计算机辅助完成坐标数据的计算或直接采用自动编程。

2. 数值计算的内容

对零件图形进行数学处理是编程前的一个关键性环节。数值计算主要包括以下内容。

1) 基点和节点的坐标计算

零件的轮廓是由许多不同的几何元素组成,如直线、圆弧、二次曲线及列表点曲线等。各几何元素间的连接点称为基点,如图 3.15 所示。显然,相邻基点间只能是一个几何元素。

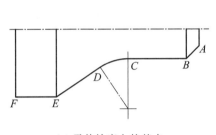

(a) 零件轮廓上的基点

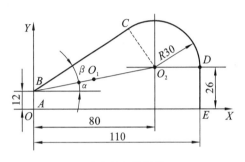

(b) 基点坐标值计算

图 3.15 基点坐标

当零件的形状是由直线段或圆弧之外的其他曲线构成,而数控装置又不具备该曲线的插补功能时,其数值计算就比较复杂。将组成零件轮廓的曲线,按数控系统插补功能的要求,在满足允许的编程误差的条件下,用若干直线段或圆弧来逼近给定的曲线,逼近线段的交点或切点称为节点,如图 3.16 所示。编写程序时,应按节点划分程序段。逼近线段的近似区间越大,则节点数目越少,相应的程序段数

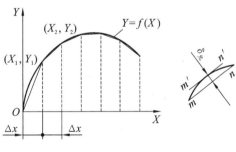

图 3.16 节点坐标计算

目也会减少,但逼近线段的误差 d 应小于或等于编程允许误差 $d_允$,即 $d \leqslant d_允$。考虑到工艺系统及计算误差的影响,$d_允$ 一般取零件公差的 $1/10 \sim 1/5$。

2) 刀位点轨迹的计算

刀位点是标志刀具所处不同位置的坐标点,不同类型刀具的刀位点不同。对于具有刀具半径补偿功能的数控机床,只要在编写程序时,在程序的适当位置写入建立刀具补偿的有关指令,就可以保证在加工过程中,使刀位点按一定的规则自动偏离编程轨迹,达到正确加工的目的。这时可直接按零件轮廓形状,计算各基点和节点坐标,并作为编程时的坐标数据。

当机床所采用的数控系统不具备刀具半径补偿功能时,编程时,需对刀具的刀位点轨迹

进行数值计算,按零件轮廓的等距线编程。

刀位点是刀具上代表刀具在工件坐标系中所在位置的一个点。编程时用该点的运动来描述刀具的运动,运动所形成的轨迹称为编程轨迹。由于在许多情况下,是用刀具中心作为刀位点,因此刀位点轨迹的计算,又称为刀具中心轨迹的计算。在数控车削加工中,为了对刀的方便,总是以"假想刀尖点"来对刀。所谓假想刀尖点,是指图 3.17(a)中 M 点的位置。由于刀尖圆弧的影响,仅仅使用刀具长度补偿,而不对刀尖圆弧半径进行补偿,在车削锥面或圆弧面时,会产生欠切的情况。

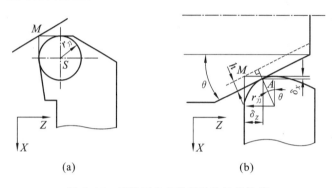

(a)　　　　　　　　　　(b)

图 3.17　假想刀尖点编程时的补偿计算

3) 辅助计算

辅助程序段是指刀具从对刀点到切入点或从切出点返回到对刀点而特意安排的程序段。切入点位置的选择应依据零件加工余量而定,适当离开零件一段距离。切出点位置的选择,应避免刀具在快速返回时发生撞刀现象。使用刀具补偿功能时,建立刀补的程序段应在加工零件之前写入,加工完成后应取消刀具补偿。某些零件的加工,要求刀具"切向"切入和"切向"切出。以上程序段的安排,在绘制走刀路线时,即应明确地表达出来。数值计算时,按照走刀路线的安排,计算出各相关点的坐标。

任务二　数值计算的方法

1. 基点坐标的计算

零件轮廓或刀位点轨迹的基点坐标计算,一般采用代数法或几何法。代数法是通过列方程组的方法求解基点坐标,这种方法虽然已根据轮廓形状,将直线和圆弧的关系归纳成若干种方式,并变成标准的计算形式,方便了计算机求解,但手工编程时采用代数法进行数值计算还是较为烦琐。根据图形间的几何关系利用三角函数法求解基点坐标,计算比较简单、方便,与列方程组解法比较,工作量明显减少。要求重点掌握利用三角函数求解基点坐标。

对于由直线和圆弧组成的零件轮廓,采用手工编程时,常利用直角三角形的几何关系进行基点坐标的数值计算,图 3.18 所示为直角三角形的几何关系,三角函数计算公式列于表 3.6。

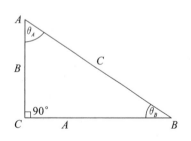

图 3.18　直角三角形的几何关系

表 3.6 直角三角形中的几何关系

已 知 角	求相应的边	已 知 边	求相应的角
q_A	$A/C = \sin(q_A)$	A, C	$q_A = \sin^{-1}(A/C)$
q_A	$B/C = \cos(q_A)$	B, C	$q_A = \cos^{-1}(B/C)$
q_A	$A/B = \tan(q_A)$	A, B	$q_A = \tan^{-1}(A/B)$
q_B	$B/C = \sin(q_B)$	B, C	$q_B = \sin^{-1}(B/C)$
q_B	$A/C = \cos(q_B)$	A, C	$q_B = \cos^{-1}(A/C)$
q_B	$B/A = \tan(q_B)$	B, A	$q_B = \tan^{-1}(B/A)$
勾股定理	$C^2 = A^2 + B^2$	三角形内角和	$q_A + q_B + 90° = 180°$

2. 非圆曲线节点坐标的计算

1）非圆曲线节点坐标计算的主要步骤

数控加工中把除直线与圆弧之外可以用数学方程式表达的平面轮廓曲线,称为非圆曲线。其数学表达式可以用直角坐标的形式给出,也可以用极坐标形式给出,还可以用参数方程的形式给出。通过坐标变换,后面两种形式的数学表达式,可以转换为直角坐标表达式。非圆曲线类零件包括平面凸轮类、样板曲线、圆柱凸轮以及数控车床上加工的各种以非圆曲线为母线的回转体零件等。其数值计算过程,一般可按以下步骤进行。

（1）选择插补方式。即应首先决定是采用直线段逼近非圆曲线,还是采用圆弧段或抛物线等二次曲线逼近非圆曲线。

（2）确定编程允许误差,即应使 $d \leqslant d_允$。

（3）选择数学模型,确定计算方法。在决定采取什么算法时,主要应考虑的因素有两条:其一是尽可能按等误差的条件,确定节点坐标位置,以便最大限度地减少程序段的数目;其二是尽可能寻找一种简便的算法,简化计算机编程,省时快捷。

（4）根据算法,画出计算机处理流程图。

（5）用高级语言编写程序,上机调试程序,并获得节点坐标数据。

2）常用的算法

用直线段逼近非圆曲线,目前常用的节点计算方法有等间距法、等程序段法、等误差法和伸缩步长法;用圆弧段逼近非圆曲线,常用的节点计算方法有曲率圆法、三点圆法、相切圆法和双圆弧法。

（1）等间距直线段逼近法——等间距法就是将某一坐标轴划分成相等的间距,如图 3.19 所示。

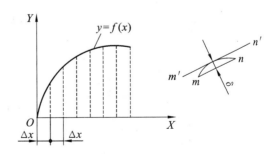

图 3.19 等间距法直线段逼近

（2）等程序段法直线段逼近的节点计算——等程序段法就是使每个程序段的线段长度相等。如图 3.20 所示。

（3）等误差法直线段逼近的节点计算——任意相邻两节点间的逼近误差为等误差。各程序段误差 d 均相等，程序段数目最少。但计算过程比较复杂，必须由计算机辅助才能完成计算。在采用直线段逼近非圆曲线的拟合方法中，该方法是一种较好的拟合方法。如图 3.21 所示。

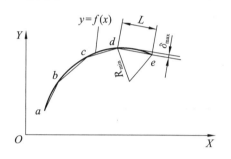

图 3.20　等程序段法直线段逼近

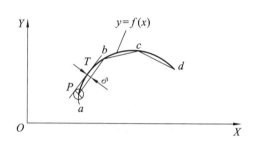

图 3.21　等误差法直线段逼近

（4）曲率圆法圆弧段逼近的节点计算——曲率圆法是用彼此相交的圆弧逼近非圆曲线。其基本原理是从曲线的起点开始，作与曲线内切的曲率圆，求出曲率圆的中心。如图 3.22 所示。

（5）三点圆法圆弧段逼近的节点计算——三点圆法是在等误差直线段逼近求出各节点的基础上，通过连续三点作圆弧，并求出圆心点的坐标或圆的半径，如图 3.23 所示。

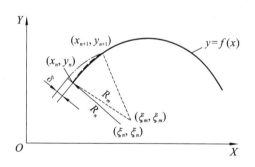

图 3.22　曲率圆法圆弧段逼近

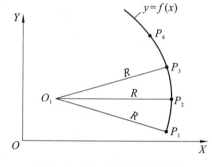

图 3.23　三点圆法圆弧段逼近

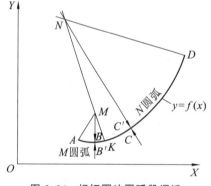

图 3.24　相切圆法圆弧段逼近

（6）相切圆法圆弧段逼近的节点计算——如图 3.24 所示。采用相切圆法，每次可求得两个彼此相切的圆弧，由于在前一个圆弧的起点处与后一个圆弧的终点处均可保证与轮廓曲线相切，因此，整个曲线是由一系列彼此相切的圆弧段逼近实现的。该方法可简化编程，但计算过程较为烦琐。

3. 列表曲线型值点坐标的计算

实际零件的轮廓形状，除了可以用直线、圆

弧或其他非圆曲线组成之外,有些零件图的轮廓形状是通过实验或测量的方法得到的。零件的轮廓数据在图样上是以坐标点的表格形式给出,这种由列表点(又称为型值点)给出的轮廓曲线称为列表曲线。

在列表曲线的数学处理方面,常用的方法有牛顿插值法、三次样条曲线拟合法、圆弧样条拟合法与双圆弧样条拟合法等。以上各种拟合方法在使用时,往往存在着某种局限性,目前处理列表曲线的方法通常采用二次拟合法。

为了在给定的列表点之间得到一条光滑的曲线,对列表曲线逼近一般有以下要求。

(1)方程式表示的零件轮廓必须通过列表点。

(2)方程式给出的零件轮廓与列表点表示的轮廓凹凸性应一致,即不应在列表点的凹凸性之外再增加新的拐点。

(3)光滑性。为使数学描述不过于复杂,通常一个列表曲线要用许多参数不同的同样方程式来描述,希望在方程式的两两连接处有连续的一阶导数或二阶导数,若不能保证一阶导数连续,则希望连接处两边一阶导数的差值应尽量小。

4. 数控车床使用假想刀尖点时的偏置计算

在数控车削加工中,为了对刀的方便,总是以"假想刀尖点"来对刀。所谓假想刀尖点,是指图 3.17(a)中 M 点的位置。由于刀尖圆弧的影响,仅仅使用刀具长度补偿,而不对刀尖圆弧半径进行补偿,在车削锥面或圆弧面时,会产生欠切的情况,如图 3.25 所示。故车削加工中也应考虑刀尖圆弧半径补偿。

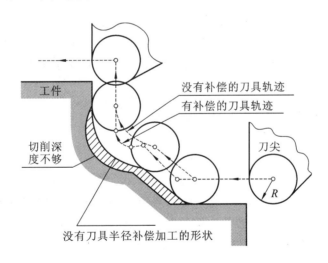

图 3.25 欠切与过切现象

任务三 空间曲线曲面加工的数值计算

1. 规则立体型面加工的数值计算

规则的三坐标立体型面是机械加工中经常遇到的零件型面。如在具有相互垂直移动的三坐标铣床上加工此类零件,可用"层切法"加工。此时,把立体型面看作由无数条平面曲线所叠成。根据表面粗糙度允许的范围,将立体型面分割成若干"层",每层都是一条平面曲线,可采用平面曲线零件的轮廓切削点的计算方法计算每层的切削点的刀具轨迹。

如图 3.26 所示零件轮廓曲面,其母线是一条与 Z 轴夹角为 θ 的直线,轨迹是一个椭圆。以某一直线为母线,沿轨迹运动而形成的立体型面叫作简单立体型面。加工这种立体型面一般采用球头铣刀。数值计算的目的是求出球头铣刀球心的运动轨迹。

用球头刀或圆弧盘铣刀加工立体型面零件,刀痕在行间构成了被称为切残量的表面不平度 h,又称为残留高度。残留高度对零件的加工表面质量影响很大,须引起注意。如图 3.27 所示。

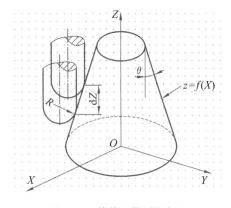

图 3.26 简单立体型面加工

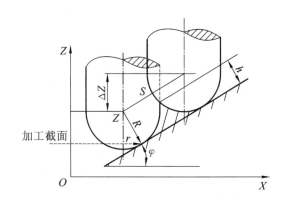

图 3.27 行距与切残量的关系

数控机床加工简单立体型面零件时,数控系统要有三个坐标控制功能,但只要有两坐标连续控制(两坐标联动),就可以加工平面曲线。刀具沿 Z 方向运动时,不要求 X、Y 方向也同时运动。这种用行切法加工立体型面时,三坐标运动、两坐标联动的加工编程方法称为两轴半联动加工。

如前所述,立体型面可看作由无数条平面曲线相叠形成,在 XOY 平面内的椭圆曲线方程为

$$X^2/a^2 + Y^2/b^2 = 1$$

以一系列平行于 XOY,而相互距离为适当行距 $\mathrm{d}Z$ 的平面,将上述型面分割为若干层,每层都是一个椭圆。一层加工完毕,铣刀在 Z 轴方向移动一个 $\mathrm{d}Z$ 的行距,再加工下一层。这样,立体型面加工就成了平面曲线轮廓的连续加工问题,其平面轮廓曲线上切削点的数值计算方法与前面讲述的方法是一样的。

2. 空间自由曲线曲面插补节点的数值计算

对于自由曲面零件,如涡轮及螺旋桨叶片、飞机机翼、汽车覆盖件的模具等,不管是通过计算机辅助设计或是通过实验手段测定,这种型面反映在图样上的数据是列表数据(或由各种截面曲线构成的自由曲面)。因此,对这类零件进行数控加工编程时,常常都是以三维坐标点 (x_i, y_i, z_i) 表示的。

当给出的列表点已密到不影响曲线精度的程度时,可直接在相邻列表点间用直线段或圆弧段逼近。但往往给出的只是很少稀疏点,为保证精度,就要增加新的节点。为此,处理

列表曲线或曲面的一般方法是根据已知列表点导出拟合方程,再根据拟合方程通过细化参数求得新的插补节点。

自由曲线、曲面的拟合方法很多,有 Bezier 方法、B 样条方法、Coons 法、Fergusoon 法等。目前最常用的是非均匀有理 B 样条拟合法。如非均匀有理 B 样条曲线的描述形式为

$$P(u) = \frac{\sum W_i P_i N_{k,i(u)}}{\sum W_i N_{k,i(u)}} \quad (0 \leqslant u \leqslant 1)$$

式中:u 为拟合曲线参数;

$\quad P(u)$ 为空间曲线上任一位置矢量;

$\quad P_i$ 为拟合曲线的控制点($i = 0, \cdots, m$);

$\quad N_{k,i(u)}$ 为 k 次 B 样条基函数;

$\quad W_i$ 是相应控制点 P_i 的权因子。

其插补节点的算法为:

通过细化参数 u,把由 m 个控制点确定的空间曲线段分割成若干子曲线段,当各子曲线段所对应的弦的最大距离满足容差 δ 要求时,即可用直线段 —— 弦代替子曲线段,细化的参数值 u 所对应的分割点即为所求的节点。

同样,若非均匀有理 B 样条曲面是由 $(m+1) \times (n+1)$ 个空间点阵拟合而成的。其描述形式为:

$$\boldsymbol{S}(u,v) = \frac{\sum \sum W_{ij} P_{ij} N_{i,k(u)} N_{j,k(v)}}{\sum \sum W_{ij} N_{i,k(u)} N_{j,k(v)}} \quad (0 \leqslant u, v \leqslant 1)$$

式中:u, v 为拟合曲面参数;

$\quad P_{ij}$ 是矩形域上特征网格控制点阵;

$\quad W_{ij}$ 是相应控制点的权因子;

$\quad N_{i,k(u)}$ 和 $N_{j,k(v)}$ 是 k 阶的 B 样条基函数;

$\quad \boldsymbol{S}(u,v)$ 是曲面上任一点的位置矢量。

其插补节点的计算方法与自由曲线的处理方法类似:细化两个方向参数 u 和 v,把曲面分割成子曲面片集,细化的程度由用子平面片代替曲面片能满足容差要求而定,然后再把细化好的子曲面片分割成两个三角形,各三角形的形心即为所求的插补节点。自由曲面加工的刀位轨迹就是将这些小三角形的形心按顺序连起来形成的,如图 3.28 所示。

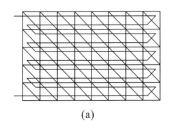 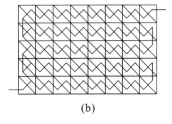 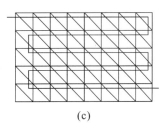

(a)	(b)	(c)

图 3.28 细化分割曲面

如图 3.28(c)所示,只取同一四边形内两个三角形之一的形心作为插补节点,就可以解决切削行距不均和沿折线走刀的问题。

自由曲线和自由曲面插补节点的计算量是手工难以承受的,最好能借助于计算机完成。

3. 三维加工中刀具中心位置的计算

不论是规则立体型面的加工或是空间自由曲线或曲面的加工,都存在着刀具中心的偏置问题。三维型面加工常用的刀具有球头刀或平头圆角刀,如图 3.29 所示。平头圆角刀的刀具半径为 R,圆角半径为 r,则球头刀的圆角半径 $r=R$。若球头刀和平头圆角刀的刀具中心均指的是刀具端部的中心,对于切削加工时刀具主轴始终平行于 Z 轴的数控机床,其刀具中心的偏置方法可遵循下列规则。

(1) 先使刀具中心沿切削点处法线方向偏移 r 距离。

(2) 再沿与刀轴垂直的方向平移 $R-r$ 距离。

(3) 最后使刀具中心沿刀轴方向下移 r 距离。

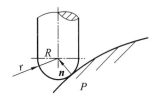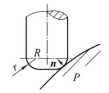

图 3.29　球头刀、平头圆角刀加工曲面

若点 P 是某一空间曲线或曲面上的切削点,其坐标为 (x_p,y_p,z_p)。曲线或曲面在该点处的单位法矢为

$$\boldsymbol{n}=\{n_x,n_y,n_z\}$$

其中 n_x,n_y,n_z 为单位法矢在工件坐标系三坐标轴上的分量。根据上述三条规则,与切削点相对应的刀具中心位置为:

$$x_{刀}=x_p+rn_x+(R-r)n_x=x_p+Rn_x$$
$$y_{刀}=y_p+rn_y+(R-r)n_y=y_p+Rn_y$$
$$z_{刀}=z_p+rn_z-r$$

空间曲面上某切削点单位法矢的求法,视曲面描述方程的形式而异。若曲面的描述方程为 $F(x,y,z)=0$,则曲面上切削点 (x_0,y_0,z_0) 处的法线方程为

$$\frac{(x-x_0)}{F'_x(x_0,y_0,z_0)} \qquad \frac{(y-y_0)}{F'_y(x_0,y_0,z_0)} \qquad \frac{(z-z_0)}{F'_z(x_0,y_0,z_0)}$$

式中,$F'_x(x_0,y_0,z_0)$、$F'_y(x_0,y_0,z_0)$、$F'_z(x_0,y_0,z_0)$ 为 $F(x,y,z)$ 在 (x_0,y_0,z_0) 处的偏导数,即曲面在该点法线的方向数。所以,曲面在该点的单位法矢为

$$\boldsymbol{n}=\{n_x,n_y,n_z\}$$
$$=\{F'_x(x_0,y_0,z_0),F'_y(x_0,y_0,z_0),F'_z(x_0,y_0,z_0)\}/k$$

其中:

$$k=[F'^2_x(x_0,y_0,z_0)+F'^2_y(x_0,y_0,z_0)+F'^2_z(x_0,y_0,z_0)]^{1/2}$$

【项目实施】

1. 回转体零件

1）建立工件坐标系

以工件右端面中心为工件坐标系（含义见模块四项目一中的任务一）原点,沿主轴向右为工件坐标系 Z 轴正方向,径向方向向上为 X 轴正方向建立工件坐标系,并对基点做出标记,如图 3.30 所示。

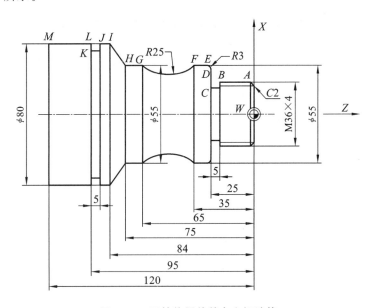

图 3.30 回转体零件基点坐标计算

2）计算基点坐标值

$$A(36,-2)、B(36,-20)、C(30,-25)、D(49,-25)、E(55,-28)、$$
$$F(55,-35)、G(55,-65)、H(55,-75)、I(80,-84)、J(80,-90)、$$
$$K(72,-95)、L(80,-95)、M(80,-120)$$

2. 平面轮廓零件

1）建立工件坐标系

以工件上端面几何中心为工件坐标系原点,水平向右为工件坐标系 X 轴正方向,在 XOY 平面内垂直于 X 轴向上为工件坐标系 Y 轴正方向,在 XOZ 平面内竖直向上为 Z 轴正方向建立工件坐标系,并对基点做出标记,如图 3.31 所示。

2）计算基点坐标值

$$A(-66,-46)、B(66,-46)、C(86,-26)、D(86,26)、$$
$$E(66,46)、F(-66,46)、G(-86,26)、H(-86,-26)$$

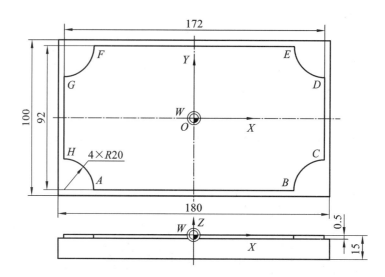

图 3.31 平面轮廓零件基点坐标计算

【习题思考】

3-1 数控加工工艺的特点与内容有哪些？

3-2 数控机床最适合加工哪种类型的零件？

3-3 什么是数控加工的走刀路线？确定走刀路线时要考虑的原则是什么？

3-4 数控工艺分析的主要内容是什么？

3-5 数值计算包含哪些内容？试说明基点和节点的区别。

模块四　数控加工编程

◀ 项目一　　数控编程的基础知识 ▶

【教学提示】

　　数控机床能够识别的是数控程序指令,无论是手工编程还是自动编程,程序指令中包含了零件的工艺过程、工艺参数、机床运动及刀具位移量等信息,按照编程规则用数控语言编写程序。本项目从认识完整的数控程序开始,熟悉编程规则。

【项目任务】

　　根据图 4.1 所示零件二维轮廓图,认识零件的数控程序及编程方法。

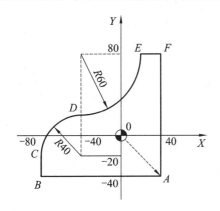

```
O0100
N0010 G92 X0 Y0;
N0020 G90 G17 G00 X40 Y-40
      S600 T01 M03;
N0030 G01 X-80 Y-40 F200;
N0040 X-80 Y-20;
N0050 G02 X-40 Y20 R40 F100;
N0060 G03 X20 Y80 R60;
N0070 G01 X40 Y80 F200;
N0080 Y-40;
N0090 G00 X0 Y0;
N0100 M02;
```

图 4.1　零件图及数控程序

【任务分析】

　　首先要了解数控编程的基本概念和数控程序格式,才能认识项目任务中的数控程序。

任务一　数控编程的内容和方法

1. 数控编程的基本概念

　　数控编程,就是把零件的图形尺寸、工艺过程、工艺参数、机床的运动及刀具位移等内容,按照数控机床的编程格式和能识别的语言记录在程序单上的全过程。这样编制的程序还必须按规定把程序单制备成控制介质,如程序纸带、磁盘等,变成数控系统能读取的信息,再送入数控系统。当然,也可以用手动数据输入方式(MDI)将程序输入数控系统。

　　将从零件图样到制成控制介质的全部过程称为数控加工的程序编制,简称数控编程。使用数控机床加工零件时,程序编制是一项重要的工作。迅速、正确而经济地完成程序编制工作,对于有效地利用数控机床是具有决定意义的一个环节。

2. 数控编程的内容和步骤

1)数控编程的内容

数控编程的主要内容包括:分析零件图纸,确定加工工艺过程;计算走刀轨迹,得出刀位数据;编写零件加工程序;制作控制介质;校对程序及首件试加工。

2)数控编程的步骤

数控机床对零件加工过程的编程步骤如图4.2所示。

(1)分析零件图纸阶段。

分析零件图纸阶段:主要是分析零件的材料、形状、尺寸、精度及毛坯形状和热处理要求等,以便确定该零件是否适宜在数控机床上加工,适宜在哪台数控机床上加工。有时还要确定在某台数控机床上加工该零件的哪些工序或哪几个表面。

(2)工艺分析处理阶段。

工艺分析处理阶段的主要任务是确定零件加工工艺过程。换言之,就是确定零件加工方法(如采用的工夹具、装夹定位方法等)、加工路线(如对刀点、走刀路线等)和加工用量等工艺参数(如走刀速度、主轴转速、切削宽度和深度等)。

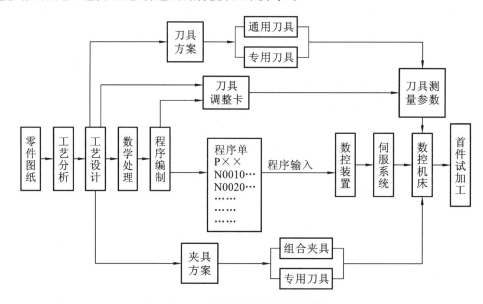

图4.2 数控机床编程过程框图

(3)数学处理阶段。

根据零件图纸和确定的加工路线,计算出走刀轨迹和每个程序段所需数据。如零件轮廓相邻几何元素的交点和切点坐标的计算,称为基点坐标的计算;对非圆曲线(如渐开线、双曲线等)需要用小直线段或圆弧段逼近,根据精度要求计算逼近零件轮廓时相邻几何元素的点或切点坐标,称为节点坐标的计算(见模块三项目二所述);自由曲线、曲面及组合曲面的数据更为复杂,必须使用计算机辅助计算。

例如在图4.1中,基点坐标的计算如下:

$$A(40,-40)、B(-80,-40)、C(-80,-20)、$$
$$D(-40,20)、E(20,80)、F(40,80)$$

（4）程序编制阶段。

根据加工路线计算出的数据和已确定的加工用量，结合数控系统的加工指令和程序段格式，逐段编写零件加工程序。

（5）制作控制介质。

控制介质就是记录零件加工程序信息的载体，常用的控制介质有穿孔纸带和磁盘。制作控制介质就是将程序单上的内容用标准代码记录到控制介质上。如通过计算机将程序单上的代码记录在磁盘上等。

（6）程序校验和首件试加工。

控制介质上的加工程序必须经过校验和试加工合格，才能认为这个零件的编程工作结束，然后进入正式加工阶段。

一般来说，在具有图形显示功能的数控机床上，在 CRT 上用显示走刀轨迹或模拟刀具和工件的切削过程的方法进行检查；对于复杂的空间零件，则需使用铝件或木件进行试切削。如发现有错误，或修改程序单，或采取尺寸补偿等措施进行修正，如不能知道加工精度是否符合要求，只要进行首件试切，即可查出程序上的错误，并可知道加工精度是否符合要求。

3. 数控编程方法

数控编程方法有两种：手工编程和自动编程。

1）手工编程

用人工完成程序编制的全部工作（包括用通过计算机辅助进行数值计算）称为手工编程。

对于几何形状较为简单的零件，数值计算较简单，程序段不多，采用手工编程较容易完成，而且经济、及时。因此，在点位加工及由直线与圆弧组成的轮廓加工中，手工编程仍广泛使用。但对于形状复杂的零件，特别是具有非圆曲线、列表曲线或曲面的零件，用手工编程就有一定的困难，出错的可能性增大，效率低，有时甚至无法编出程序。因此必须采用自动编程的方法编制程序。

2）自动编程

自动编程也称计算机辅助编程，即程序编制工作的大部分或全部由计算机来完成。如完成坐标值计算、编写零件加工程序单、自动地输出打印加工程序单和制备控制介质等。自动编程方法减轻了编程人员的劳动强度，缩短了编程时间，提高了编程质量，同时解决了手工编程无法解决的许多复杂零件的编程难题。工件表面形状越复杂，工艺过程越烦琐，自动编程的优势越明显。

自动编程的方法种类很多，发展也很迅速，根据编程信息的输入和计算机对信息处理方式的不同，可以分为以自动编程语言为基础的自动编程方法（简称语言式自动编程）和以计算机绘图为基础的自动编程方法（简称图形交互式自动编程）。

模块四主要介绍手工编程的方法，模块五主要介绍数控编程的方法。

任务二　数控程序的结构和标准

1. 程序的构成

一个完整的零件加工程序由程序号（名）和若干个程序段组成，每个程序段由若干个指令字组成，每个指令字又由字母、数字、符号组成。零件程序如图 4.1 所示。

O0100

```
N0010    G92    X0    Y0;
N0020    G90    G17    G00    X40    Y－40    S600    T01    M03;
N0030    G01    X－80    Y－40    F200;
N0040    X－80    Y－20;
N0050    G02    X－40    Y20    R40    F100;
N0060    G03    X20    Y80    R60;
N0070    G01    X40    Y80    F200;
N0080    Y－40;
N0090    G00    X0    Y0;
N0100    M02;
```

上面是一个完整的零件加工程序，它由一个程序号和10个程序段组成。最前面的"O0100"是整个程序的程序号，也叫程序名。每一个独立的程序都应有程序号，它可作为识别、调用该程序的标志。程序号的格式为：

"O"——程序号地址码；

"0100"——程序的编号（100号程序）。

不同的数控系统，程序号地址码所用的字符可不相同。如FANUC系统用O，AB8400系统用P，而Sinumerk8M系统则用％作为程序号的地址码。编程时一定要根据说明书的规定使用，否则系统不接受。

每个程序段以程序段号"N"和后面4位数字开头，用";"表示结束（还有的系统用LF、CR、EOB等符号），每个程序段中有若干个指令字，每个指令字表示一种功能。一个程序段表示一个完整的加工工步或动作。

一个程序的最大长度取决于数控系统中零件程序存储区的容量。现代数控系统的存储区容量已足够大，一般情况下已足够使用。一个程序段的字符数也有一定的限制。如某些数控系统规定一个程序段的字符数不大于90个，一旦大于限定的字符数，就应把它分成两个或多个程序段。

2. 程序段格式

程序段格式是指一个程序段中字的排列顺序和表达方式。不同的数控系统往往有不同的程序段格式。程序段格式不符合要求，数控系统就不能接受。

字地址程序段格式也叫地址符可变程序段格式。前面的例子就是采用的这种格式。这种格式的程序段的长短、字数和字长（位数）都是可变的，字的排列顺序没有严格要求。不需要的字以及与上一程序段相同的续效字可以不写。这种格式的优点是程序简短、直观、可读性强、易于检验、修改。因此，现代数控机床广泛采用这种格式。

字地址程序段的一般格式标准为：

$$N\_ G\_ X\_ Y\_ Z\_ F\_ S\_ T\_ M\_;$$

1）程序段号

用来表示程序从启动开始操作的顺序，即程序段执行的顺序号。它用地址码"N"和后面的4位数字表示。数控装置读取某一程序段时，该程序段序号可在七段数码管上或CRT上显示出来，以便操作者了解或检查程序执行情况，段序号还可用作程序段检索。

2）准备功能字（G功能）

准备功能是指使数控装置执行某种操作的功能，它紧跟在程序段序号的后面，用地址码

"G"和两位数字来表示。G功能的具体内容会在后面加以说明。

3）尺寸字

尺寸字指给定机床各坐标轴位移的方向和数据,它由各坐标轴的地址代码、"＋""－"符号和数字(绝对值或增量值)构成。尺寸字安排在G功能字的后面。尺寸字的地址代码,对于进给运动为:X、Y、Z、U、V、W、P、Q、R,对于回转运动为A、B、C、D、E。此外,还有插补参数字(地址代码):I、J和K等。

4）进给功能字(F功能)

进给功能字给定刀具对于工件的相对速度,它由地址代码"F"和其后面的若干位数字构成。这个数字取决于每个数控装置所采用的进给速度指定方法。进给功能字(也称F功能)应写在相应轴尺寸字之后,对于几个轴合成运动的进给功能字,应写在最后一个尺寸字之后。在数控装置上所采用的进给速度指定方法用得较多的是直接指定法。直接指定法就是将实际速度的数值直接表示出来,小数点的位置在机床说明中予以规定。一般进给速度单位为mm/min,切削螺纹是用mm/r表示(在英制单位中用英寸表示)。

5）主轴转速功能字(S功能)

主轴转速功能也称为S功能,该功能字用来选择主轴转速,它由地址码"S"和在其后面的若干位数字构成。根据各个数控装置所采用的指定方法来确定这个数字,其指定方法,即代码化的方法与F功能相同。主轴速度单位用mm/min、m/min和r/min等表示。

6）刀具功能字(T功能)

该功能也称为T功能。它由地址码"T"和后面的若干位数字构成。刀具功能字用于更换刀具时指定刀具或显示待换刀号,有时也能指定刀具位补偿。

一般情况下用两位数字,能指定T00～T99,100种刀具;对于不是指定刀具位置,而是利用能够指定刀具本身序号的自动换刀装置(如刀具编码键,也叫代码钥匙方案)的情况,则可用5位十进制数字指定;车床用的数控装置中,多数需要按照转塔的位置进行刀具位置补偿。这时就要用4位十进制数字指定,不仅能选择刀具号(前两位数字),同时还能选择刀具补偿拨号盘(后两位数字)。

7）辅助功能(M功能)

辅助功能也称为M功能,该功能指定除G功能之外的种种"通断控制"功能。它用地址码"M"和后面的两位数字表示。

8）程序段结束符

每一个程序段结束之后,都应加上程序段结束符。LF为程序段结束符号。

任务三　数控机床的坐标系

程序中尺寸字记录的坐标都是以建立坐标系为基础的,下面就介绍数控机床坐标系的种类和建立方式。

1. 机床坐标系

机床坐标系是为了确定工件在机床中的坐标、机床运动部件的特殊位置(如换刀点、参考点)以及运动范围(如行程范围、保护区)等所建立的几何坐标系,它是机床上固有的坐标系。

1）机床坐标系的基本约定

数控机床采用统一的标准笛卡儿直角坐标系。

如图 4.3 所示,三个坐标轴 X、Y 和 Z 互相垂直,各坐标轴的方向符合右手法则。在图 4.3 中,大拇指的方向为 X 轴的正方向,食指为 Y 轴的正方向,中指为 Z 轴的正方向。

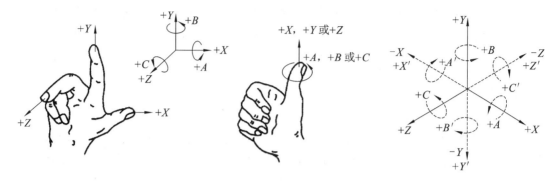

图 4.3　机床坐标系

2) 机床坐标轴和运动方向的确定

如图 4.4(a)、(b)、(c)、(d)所示,分别给出了几种典型机床的标准坐标系。图中字母表示运动的坐标,箭头表示正方向。这些坐标轴和运动方向是根据以下规则确定的。

(1) Z 坐标:规定平行于机床主轴(传递切削动力)的刀具运动坐标为 Z 坐标,取刀具远离工件的方向为正方向($+Z$)。

对于刀具旋转的机床,如铣床、钻床、镗床等,规定平行于旋转刀具轴线的坐标为 Z 坐标,而对于工件旋转的机床,如车床、外圆磨床等,则规定平行于工件轴线的坐标为 Z 坐标。

对于没有主轴的机床,规定垂直于工件装夹表面的坐标为 Z 坐标(如刨床)。

如果机床上有几根主轴,则选垂直于工件装夹表面的一根主轴作为主要主轴。Z 坐标即为平行于主要主轴轴线的坐标。

(2) X 坐标:规定 X 坐标轴为水平方向,且垂直于 Z 轴并平行于工件的装夹面。

对于工件旋转的机床(如车床、外圆磨床等),X 坐标的方向是在工件的径向上,且平行于横向滑座。同样,取刀具远离工件的方向为 X 坐标的正方向。对于刀具旋转的机床(如铣床、镗床等),则规定:当 Z 轴为水平时,从刀具主轴后端向工件方向看,向右方向为 X 轴的正方向;当 Z 轴为垂直时,对于单立柱机床,面对刀具主轴向立柱方向看,向右方向为 X 轴的正方向。

(3) Y 坐标:Y 坐标垂直于 X、Z 坐标。在确定了 X、Z 坐标的正方向后,可按右手螺旋定则确定 Y 坐标的正方向。

(4) A、B、C 坐标:A、B、C 坐标分别为绕 X、Y、Z 坐标的回转进给运动坐标,在确定了 X、Y、Z 坐标的正方向后,可按右手螺旋定则来确定 A、B、C 坐标的正方向。

(5) 附加运动坐标:X、Y、Z 为机床的主坐标系或称为第一坐标系。若除了第一坐标系以外还有平行于主坐标系的其他坐标系则称为附加坐标系。附加的第二坐标系命名为 U、V、W。第三坐标系命名为 P、Q、R。所谓第一坐标系是指与主轴最接近的直线运动坐标系,稍远的即为第二坐标系。

若除了 A、B、C 第一回转坐标系以外,还有其他的回转运动坐标,则命名为 D、E、F 等。

3) 机床原点的设置

机床坐标系的原点称为机床零点或机床原点($X=0$,$Y=0$,$Z=0$)。机床零点是机床上的一个固定点,由机床制造厂确定。它是其他所有坐标系,如工件坐标系、编程坐标系,以及

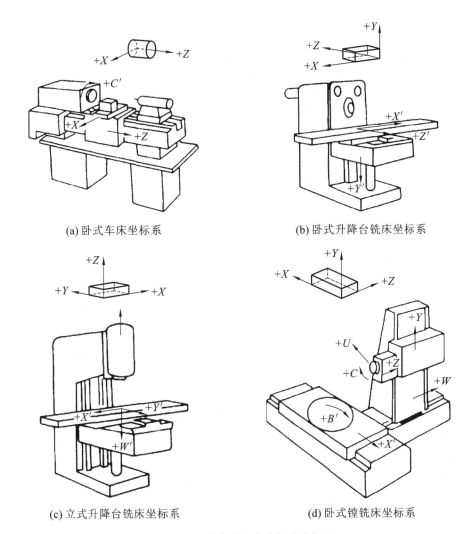

(a) 卧式车床坐标系   (b) 卧式升降台铣床坐标系

(c) 立式升降台铣床坐标系   (d) 卧式镗铣床坐标系

图 4.4　几种典型机床的标准坐标系

机床参考点的基准点。

4) 机床参考点

数控机床参考点是用于对机床工作台(或滑板)与刀具相对运动的测量系统进行标定和控制的点,是用于对机床运动进行检测和控制的固定位置点。

参考点的位置在每个进给轴上预先用挡铁和限位开关进行精确的确定。因此,参考点对机床零点的坐标是一个已知数,是一个固定值。它是在加工之前和加工之后,用控制面板上的回零按钮使移动部件移动到机床坐标系中的一个固定不变的极限点,如图 4.5 所示。

2. 编程坐标系

编程坐标系是编程人员根据零件图样及加工工艺等建立的坐标系,一般供编程使用。确定编程坐标系时不必考虑工件毛坯在机床上的实际装夹位置。

编程原点是根据加工零件图样及加工工艺要求选定的编程坐标系的原点。应尽量选在零件的设计基准和工艺基准上,编程坐标系中各轴的方向应该与所使用的数控机床相应的坐标轴方向一致。

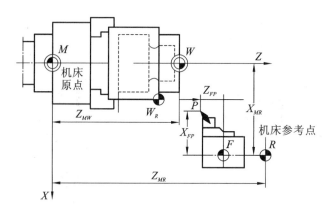

图 4.5　数控车床机床原点与参考点

3. 工件坐标系与工件原点

工件坐标系是为了确定工件几何图形上各几何要素(点、直线、圆弧)的位置而建立的坐标系。编程时,为了编程方便,编程人员以工件图样上的某一点为原点,即工件原点建立工件坐标系,而编程尺寸按工件坐标系中的尺寸来确定。

工件坐标系的原点即是工件零点。选择工件零点时,最好把工件零点设置在零件图的尺寸能够方便地转换成坐标值的点处。

工件原点选择的原则如下。

(1) 工件原点选在工件图样的尺寸基础上。

(2) 能使工件方便地装夹、测量和检验。

(3) 工件原点尽量选在尺寸精度高、粗糙度较好的工件表面上。

(4) 对于有对称形状的几何零件,工件零件最好选在对称中心上。

4. 机床坐标系与工件坐标系的关系

机床坐标系与工件坐标系的关系如图 4.6 所示。一般来说,工件坐标系的坐标轴与机床坐标系相应的坐标轴相平行,方向也相同,但原点不同。在加工中,工件随夹具在机床上安装后,要测量工件原点与机床原点之间的坐标距离,这个距离称为工件原点偏置。这个偏

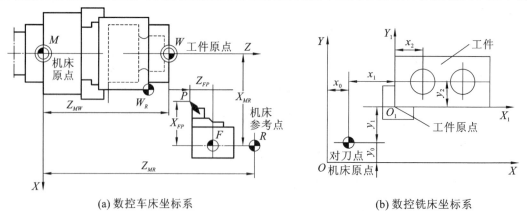

(a) 数控车床坐标系　　　　　　　　　　　　(b) 数控铣床坐标系

图 4.6　机床坐标系与工件坐标系的关系

置值需预存到数控系统中。在加工时,工件原点偏置值便能自动加到工件坐标系上,使数控系统可按机床坐标系确定加工时的坐标值。

【项目实施】

零件图及数控程序如图 4.7 所示。

(1) 该零件图形为二维轮廓加工零件图,适合用立式数控铣床加工;工件坐标系原点为 O 点,根据工件坐标系建立原则,建立工件坐标系 XOY。

(2) 基点坐标计算:$A(40,-40)$、$B(-80,-40)$、$C(-80,-20)$、$D(-40,20)$、$E(20,80)$、$F(40,80)$。

(3) 程序名为 O0100。

(4) 从"N0010"到"N0100"为程序段,记录刀具走刀路径,每段程序以";"结束。

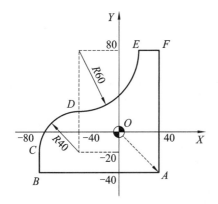

```
O0100
N0010 G92 X0 Y0;
N0020 G90 G17 G00 X40 Y-40
      S600 T01 M03;
N0030 G01 X-80 Y-40 F200;
N0040 X-80 Y-20;
N0050 G02 X-40 Y20 R40 F100;
N0060 G03 X20 Y80 R60;
N0070 G01 X40 Y80 F200;
N0080 Y-40;
N0090 G00 X0 Y0;
N0100 M02;
```

图 4.7 零件图及数控程序

◀ 项目二 数控加工编程的基础指令 ▶

【教学提示】

数控功能指令是程序段组成的基本单位,是编制加工程序的基础。本项目主要讨论常用的功能指令的编程方法与应用。下面所涉及的指令代码均以 ISO 标准为准。

【项目任务】

(1) 阐述如图 4.7 所示零件的数控程序指令的含义。

(2) 能用其他编程方式完成图 4.7 所示的刀具路径吗?

【任务分析】

要会阐述和改写该零件的数控程序指令,就需要知道每个指令代码的含义。所以首先要熟记数控常用功能指令的含义。

任务一 准备功能指令 G 指令

1. 与坐标系相关的指令

1) 绝对坐标与增量坐标指令——G90、G91

在一般的机床数控系统中,为方便计算和编程,都允许绝对坐标方式和增量坐标方式及其混合方式编程。这就必须用 G90、G91 指令指定坐标方式。G90 表示程序段中的坐标尺寸为绝对坐标值。G91 则表示为增量坐标值。

【例 4-1】 AB 和 BC 两个直线插补程序段的运动方向及坐标值,如图 4.8 所示。现假定 AB 段已加工完毕,要加工 BC 段,刀具在 B 点,则该加工程序段为

绝对坐标方式:G90　G01　X30　Y40;

增量坐标方式:G91 G01　X-50　Y-30;

注意:

(1) 用绝对坐标方式编程时终点的坐标值在绝对坐标系中确定,用增量坐标方式编程时终点的坐标值在增量坐标系中确定。

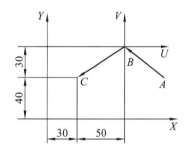

图 4.8 绝对坐标与增量坐标

(2) 有些机床的增量坐标尺寸不用 G91 指定,而是在运动轨迹的起点建立平行于 X、Y、Z 的增量坐标系 U、V、W。如图 4.8 所示在 B 点建立 U、V 坐标系,其程序段为

G01 U-50 V-30(增量尺寸)

它与程序段 G91 G01 X-50 Y-30 等效。上述两种方法根据具体机床的规定进行选用。

2) 坐标系设定指令——G92

编制程序时,首先要设定一个坐标系,程序中的坐标值均以此坐标系为根据,此坐标系称为工件坐标系。G92 指令就是用来建立工件坐标系的,它规定了工件坐标系原点的位置。就是说它确定了工件坐标系的原点(工件原点)在距刀具刀位点起始位置(起刀点)多远的地方。或者说,以工件原点为准,确定起刀点的坐标值。编程时通过 G92 指令将工件坐标系的原点告诉数控装置,并把这个设定值存储在数控装置的存储器内。执行该指令后就确定了起刀点与工件原点的相对位置。

工件坐标系原点可以设定在工件基准或工艺基准上,也可以设定在卡盘端面中心(如数控车床)或工件的任意一点上。而刀具刀位点的起始位置(起刀点)可以放置在机床原点或换刀点上,也可以是任意一点。应该注意的是 G92 指令只是设定坐标系原点位置,执行该指令后,刀具(或机床)并不产生运动,仍在原来的位置。所以在执行 G92 指令前,刀具必须放在程序所要求的位置上。当刀位点与设定值有误差时,可用刀具补偿指令补偿其差值。

图 4.9 所示为数控车床的工件坐标系设定举例,为方便编程,通常将工件坐标系原点设定在主轴轴线与工件右端面的交点处。图中设 $\alpha = 320$,$\beta = 200$,坐标系设定程序为

G92 X320 Z200

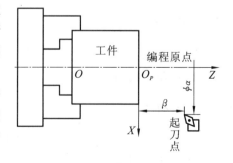

图 4.9 数控车床的工件坐标系设定

注意:

(1) 车削编程中,X 尺寸字中的数值一般用坐标值的 2 倍,即用刀尖相对于回转中心的直径值编程。

(2) 该指令程序段要求坐标值 X、Z 必须齐全,不可缺少,并且只能使用绝对坐标值,不能使用增量坐标值。

(3) 在一个零件的全部加工程序中,根据需要,可重复设定或改变编程原点。

3) 坐标平面选择指令——G17、G18、G19

G17、G18、G19 指令分别表示设定选择 XY、ZX、YZ 平面为当前工作平面。对于三坐标运动的铣床和加工中心,特别是可以三坐标控制,任意两坐标联动的机床,即 2.5 轴坐标的机床,常用这些指令指定机床在哪一平面进行运动。由于 XY 平面最常用,故 G17 可省略,对于两坐标控制的机床,如车床总是在 XZ 平面内运动,无须使用平面指令。

2. 运动控制指令

1) 快速点定位指令——G00

G00 指令使刀具以点位控制方式从刀具所在点以最快速度移动到坐标系的指定位置,不进行切削加工,一般用作空行程运动。其运动轨迹视具体系统的设定而定。编程书写格式为

$$G00 \ X- \ Y- \ Z-;$$

其中:X、Y、Z 为目标点的绝对坐标或增量坐标。

注意:

(1) G00 指令中不需要指定速度,即 F 指令无效。系统快进的速度事先已确定。不同系统确定的方式和数值范围各不相同,需查阅有关资料。

(2) 在 G00 状态下,不同数控机床坐标轴的运动情况可能不同。如有的系统是按机床设定速度先令某轴移动到位后再令另一轴移动到位;有的系统则是令各轴一起运动,此时若 X、Y、Z 坐标不相等,则各轴到达目的点的时间就不同,刀具运动轨迹为一空间折线;有的系统则是令各轴以不同的速度(各轴移动速度比等于各轴移动距离比)移动,同时到达目的点,刀具运动轨迹为一直线。因此,编程前应了解机床数控系统的 G00 指令、各坐标轴运动的规律和刀具运动轨迹,避免刀具与工件或夹具碰撞。

2) 直线插补指令——G01

该指令是直线运动控制指令,它命令刀具从当前位置以两坐标或三坐标联动方式按指定的 F 进给速度作任意斜率的直线运动到达指定的位置。该指令一般用作轮廓切削。编程格式为

$$G01 \ X- \ Y- \ Z- \ F-;$$

其中:X、Y、Z 为直线终点的绝对或增量坐标;F 为沿插补方向的进给速度。

注意:

(1) G01 指令既可实现双坐标联动插补运动,又可实现三坐标联动插补运动,这取决于数控系统的功能,当 G01 指令后面只有两个坐标值时,刀具将作平面直线插补,若有三个坐标值时,将作空间直线插补。

(2) G01 程序段中必须含有进给速度 F 指令,否则机床不动作。

(3) G01 和 F 指令均为续效指令(即模态指令)。

【例4-2】 用G00、G01编程：如图4.10所示路径,要求用G01,坐标系原点O是程序起始点,要求刀具由O点快速移动到A点,然后沿AB、BC、CD、DA实现直线切削,再由A点快速返回程序起始点O,其程序如下：

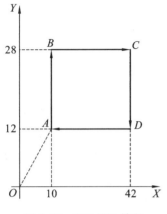

图4.10 G00、G01编程

O0001
N01 G92 X0 Y0；
N10 G90 G00 X10 Y12 S600 T01 M03；
N20 G01 Y28 F100；
N30 X42；
N40 Y12；
N50 X10；
N60 G00 X0 Y0；
N70 M05；
N80 M02；

3）圆弧插补指令——G02、G03

这是两个圆弧运动控制指令,它们能实现圆弧插补加工,G02表示顺时针圆弧(顺圆)插补,G03表示逆时针圆弧(逆圆)插补。圆弧顺、逆的判断方法为:在圆弧插补中,沿垂直于要加工的圆弧所在平面的坐标轴由正方向向负方向看,刀具相对于工件的转动方向是顺时针方向为G02,是逆时针方向为G03,如图4.11所示。

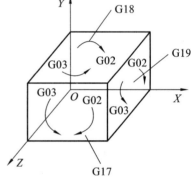

图4.11 圆弧的顺逆方向

使用圆弧插补指令之前,必须应用平面选择指令,指定圆弧插补平面。圆弧加工程序段格式为：

$$G17 \begin{cases} G02 \\ G03 \end{cases} X\_Y\_ \begin{cases} R\ —\ \\ I\_\ J\_\ \end{cases} F\ —$$

$$G18 \begin{cases} G02 \\ G03 \end{cases} X\_Z\_ \begin{cases} R\ —\ \\ I\_\ K\_\ \end{cases} F\ —$$

$$G19 \begin{cases} G02 \\ G03 \end{cases} Y\_Z\_ \begin{cases} R\ —\ \\ J\_\ K\_\ \end{cases} F\ —$$

当机床只有一个坐标平面时,程序段中的平面设定指令可省略(如车床)。当机床具有三个控制坐标时(如铣床),则G17指令可省略。

程序段中的终点坐标X、Y、Z可以用绝对尺寸,也可以用增量尺寸,这取决于程序段中已指定的G90或G91,还可以用增量坐标字U、V、W指定(如车床)。

程序段中的圆心坐标I、J、K一般用从圆弧起点指向圆心的矢量在坐标系中的分矢量(投影)来决定。且对大部分数控系统来说,总是为增量值,即不受G90控制。

有些数控系统允许用半径参数R来代替圆心坐标参数I、J、K编程。因为在同一半径的情况下,从圆弧的起点到终点有两个圆弧的可能性。因此在用半径值编程时,R带有"±"号。具体取法是:若圆弧对应的圆心角$\theta \leqslant 180°$,则R取正值;若$180° < \theta < 360°$,则R取负值。另外,用半径值编程时,不能描述整圆。

目前绝大多数数控机床编程时均可将跨象限的圆弧编为一个程序段,即圆弧插补计算时能自动过象限。只有少量旧式的数控机床是要按象限划分程序段的。

【例 4-3】 铣削如图 4.12 所示的圆孔。编程坐标系如图 4.12 所示,设起刀点在坐标原点 O,加工时刀具快进至 A 点,沿箭头方向以 100 mm/min 速度切削整圆至 A 点,再快速返回原点。试编写加工程序。

解:因为是封闭圆加工,所以只能用圆心坐标 I、J 编程。

用绝对坐标编程:

    N050 G92 X0 Y0;

    N060 G90 G00 X20 Y0 S300 T01 M03;

    N070 G03 X20 Y0 I-20 J0 F100;

    N080 G00 X0 Y0 M02;

用增量坐标编程:

    N050 G91 G00 X20 Y0 S300 T01 M03;

    N060 G03 X0 Y0 I-20 J0 F100;

    N070 G00 X-20 Y0 M02;

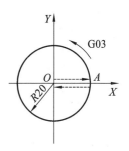

图 4.12　整圆编程

【例 4-4】 用 G02、G03 编程:如图 4.13 所示,设刀具由坐标原点 O 相对工件快速进给到 A 点,从 A 点开始沿着 A、B、C、D、E、F、A 的线路切削,最终回到原点 O。

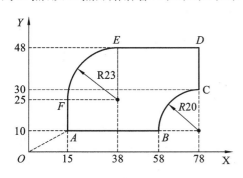

图 4.13　G02、G03 编程

O0001
N10　G92 X0　Y0;
N20　G90 G17 M03;
N30　G00 X15 Y10;
N40　G91 G01 X43 F180 S400;
N50　G02 X20 Y20 I20 F80;
N60　G01 X0 Y18 F180;;
N70　X-40;
N80　G03 X-23 Y-23 J-23 F80;
N90　G01 Y-15 F180;
N100　G00 X-15 Y-10;
N110　M02;

4) 暂停(延迟)指令——G04

G04 指令可使刀具作短时间的无进给运动(主轴仍然在转动),经过指令的暂停时间后再继续执行下一程序段,以获得平整而光滑的表面。

此功能常用于切槽、钻孔到孔底、锪平底孔等对表面粗糙度有要求的场合。

格式:

$$G04 \ \beta \triangle \triangle$$

其中,符号 β 表示地址符,常用地址符有 X、U、P 等,不同系统有不同的规定;$\triangle \triangle$ 为数字,表示暂停时间(以秒或毫秒为单位),或表示工件转数,视具体机床而定。

G04 为非续效指令,只在本程序段有效。

G04 指令主要用于以下几种情况。

(1) 不通孔作深度控制时,在刀具进给到规定深度后,用暂停指令使刀具作非进给光整切削,然后退刀,保证孔底平整。

(2)镗孔完毕后要退刀时,为避免留下螺旋切痕而影响表面粗糙度,应使主轴停止转动,并暂停几秒钟,待主轴完全停止后再退刀。

(3)横向车槽时,应在主轴转过几转后再退刀,可用暂停指令。

(4)在车床上倒角或车顶尖孔时,为使表面平整,使用暂停指令使工件转过一转后再退刀。

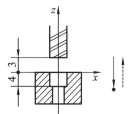

图 4.14 镗孔加工

【例 4-5】 图 4.14 所示为镗孔加工,孔底有表面粗糙度要求,根据图示条件编程:

N010 G91 G01 Z−7 F60;

N020 G04 P5;(刀具停留 5s)

N030 G00 Z7 M02;

3. 刀具补偿指令

1)刀具半径补偿指令——G41、G42、G40

现代数控机床一般都具备刀具半径自动补偿功能,以适应圆头刀具(如铣刀、圆头车刀等)加工时的需要,简化程序的编制。

(1)刀具半径补偿概念。

实际的刀具都是有半径的。使刀具的刀尖沿零件轮廓曲线加工,刀位点的运动轨迹即加工路线应该与零件轮廓曲线有一个半径值大小的偏移量,如图 4.15 所示。

使刀具的刀位点进行正确运动有以下两种方式。

① 加工前计算出刀位点运动轨迹,再编程加工。

② 按零件轮廓的坐标数据编程,由系统根据工件轮廓和刀具半径 R 自动计算出刀具中心轨迹。

实际操作中可取的是后者。

刀具半径补偿功能的作用就是要求数控系统能根据工件轮廓和刀具半径自动计算出刀具中心

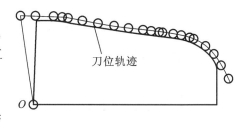

图 4.15 刀具半径补偿原理 1

轨迹,在加工曲线轮廓时,只按被加工工件的轮廓曲线编程,同时在程序中给出刀具半径的补偿指令,就可加工出具有轮廓曲线的零件,使编程工作大大简化。如图 4.16 所示。

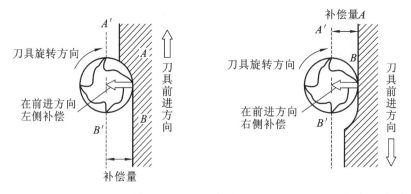

图 4.16 刀具半径补偿原理 2

现以铣床为例进行说明。若要用半径为 R 的刀具加工外形轮廓为 AB 的工件,则刀具中心必须沿着与轮廓 AB 偏离 R 距离的轨迹 $A'B'$ 移动,即铣削时,刀具中心运动轨迹(刀心轨迹)和工件的轮廓形状是不一致的。

机床数控系统总是按刀心轨迹进行控制。

按刀心轨迹编程很不方便,计算烦琐,当刀具磨损、重磨以及更换新刀具导致刀具半径变化时,又需要重新计算与编程。

刀具半径补偿就是要求数控系统能根据工件轮廓(AB)和刀具半径 R 自动计算出刀心轨迹(A′B′)。

刀具补偿的作用具体如下。

① 刀具的补偿功能免去了刀具中心轨迹的人工计算,使我们能够按照已知的起刀点和零件图样数据进行编程。

② 还可以利用同一加工程序去适应不同的情况,例如:利用刀具补偿功能作粗、精加工余量补偿;刀具磨损后,重输刀具半径,不必修改程序;利用刀补功能进行凹凸模具的加工。

(2) 刀具半径补偿指令。

G41 为刀具左补偿,指顺着刀具前进方向看,刀具偏在工件轮廓的左边。

G42 为刀具右补偿,指顺着刀具前进方向看,刀具偏在工件轮廓的右边。

G40 为取消刀补,使刀具中心与编程轨迹重合。

格式如下:

$$\begin{pmatrix} G41 \\ G42 \end{pmatrix} \quad D(H)—;$$

使用 G41、G42 指令时,用 D 功能字指定刀具半径补偿值寄存器的地址号。刀具半径补偿值在加工前用 MDI 方式输入相应的寄存器,加工时由 D 指令调用。

G41、G42 为续效指令(即模态指令)。

【例 4-6】 用 G41、G42、G40 编程:如图 4.17 所示为铣刀半径补偿编程示例,图中虚线表示刀具中心运动轨迹。设刀具半径为 10 mm,刀具半径补偿号为 D01,起刀点在原点,Z 轴方向无运动。

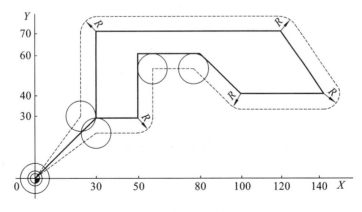

图 4.17 刀具半径补偿编程

O0100

N01 G92 X0 Y0 Z0;

N02 S1000 T01 M03;

N03 G90 G42 G01 X30.0 Y30.0 D01 F150.0；

N04 X50.0；

N05 Y60.0；

N06 X80.0；

N07 X100.0 Y40.0；

N08 X140.0；

N09 X120.0 Y70.0；

N10 X30.0；

N11 Y30.0；

N12 G40 G00 X0 Y0 M05 M02；

2）刀具长度补偿指令——G43、G44、G40

刀具长度补偿指令一般用于刀具轴向（Z 方向）的补偿，它可使刀具在 Z 方向上的实际位移大于或小于程序给定值，即

$$实际位移量＝程序给定值±补偿值$$

上式中，两值相加称为正偏置，用 G43 指令来表示；两值相减称为负偏置，用 G44 指令来表示。给定的程序坐标值和输入的补偿值本身都可正可负，由需要而定。

格式如下：

$$\begin{pmatrix} G43 \\ G44 \end{pmatrix} Z— H—$$

其中，Z 值是程序中给定的坐标值；H 值是刀具长度补偿值寄存器的地址号，该寄存器中存放着补偿值。

G43、G44 为续效指令（即模态指令）。

刀具长度补偿指令 G43、G44 的注销，可用取消刀补指令 G40（有的用 G49）。

【例 4-7】 用 G43、G44、G40 编程，如图 4.18 所示，刀具对刀点在编程原点，要加工图示的两个孔，考虑刀具长度补偿。

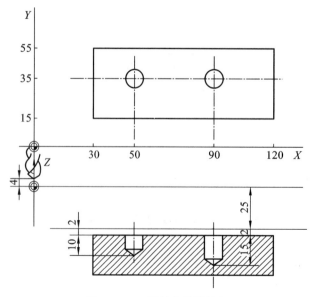

图 4.18 刀具长度补偿编程

```
O0100
N05 G92 X0 Y0 Z0；
N10 S500 M03；
N15 G91 G00 X50.0 Y35.0；
N20 G43 Z-25.0 H01；
N25 G01 Z-12.0 F100.0；
N30 G00 Z12.0；
N35 X40.0；
N40 G01 Z-17.0 F100.0；
N45 G00 G40 Z42.0 M05；
N50 G90 X0 Y0；
N55 M02；
```

注意：若加工中刀具的实际长度比编程长度短 4 mm，可在刀具长度补偿号地址 H01 中输入补偿值 $K=-4$，则上述程序可不变。

如果实际使用的刀具长度比编程时的长度长 4 mm，可在刀具长度补偿号地址 H01 中输入补偿值 $K=4$，则仍可用上述程序加工。

用刀具长度补偿后，在 N20 G43 Z-25.0 H01 这一程序段中，刀具在 Z 方向的实际位移量将不是 -25，而是 $Z+K=-25+(-4)=-29$ 或 $Z+K=-25+4=-21$，以达到补偿实际刀具长度长于或短于编程长度的目的。

任务二 辅助功能指令（M 代码指令）

辅助功能指令也称为 M 代码指令。它由字母 M 和其后的两位数字组成，从 M00～M99 共 100 种。M 代码指令有续效指令和非续效指令之分，一个程序段中一般有一个 M 码指令，如同时有多个 M 代码指令，则最后一个有效。此类指令主要用于机床加工操作时的工艺指令，包括主轴转向与启停，冷却液系统开、关，工作台的夹紧与松开，程序停止等操作。

1. 程序停止指令——M00

M00 指令实际上是一个暂停指令。功能是执行此指令后，机床停止一切操作。该指令用于加工过程中测量刀具和工件尺寸、工件调头、手动变速等固定操作。当程序运行停止时，全部现存的信息将保存起来；按下操作面板上的"循环启动"按钮后，机床重新启动，继续执行后面的程序。

2. 选择停止指令——M01

M01 指令的功能与 M00 相似，不同的是，M01 只有在预先按下操作面板上"选择停止"按钮的情况下，程序才会停止。此指令用于工件关键尺寸的停机抽样检查等场合，当检查完后，按启动键继续执行以后的程序。

3. 程序结束指令——M02、M30

M02 指令的功能是程序全部结束。此时主轴、进给及切削液全部停止，数控装置和机床复位。该指令写在程序的最后一段。

M30 指令与 M02 指令的功能基本相同，不同的是，M30 能自动返回程序起始位置，为加工下一个工件做好准备。

4. 主轴控制指令——M03、M04、M05

M03 表示主轴正转；M04 表示主轴反转；M05 表示主轴停转。

5. 换刀指令——M06

M06 为手动或自动换刀指令，不包括刀具选择，选刀用 T 功能指令。也可以自动地关闭冷却液和停主轴。

自动换刀的一种情况是由刀架转位实现的（如数控车床和转塔钻床），它要求刀具调整好后安装在转塔刀架上，换刀指令可实现主轴停止、刀架脱开、转位等动作。自动换刀的另一种情况是用"机械手-刀库"来实现的（如加工中心），换刀过程分为换刀和选刀两类动作，换刀用 M06，选刀用 T 功能指令。

手动换刀指令 M06 用来显示待换刀号。对显示换刀号的数控机床，换刀是用手动实现的。采用手动换刀时，程序中应选择停止指令 M01，且安置换刀点，手动换刀后再启动机床开始工作。

6. 冷却液开关指令——M07、M08、M09

M07 表示 2 号冷却液（雾状冷却液）开；M08 表示 1 号冷却液（液状冷却液）开；M09 表示关闭冷却液开关。

7. 运动部件夹紧与松开指令——M10、M11

M10、M11 分别用于机床滑座、工件、夹具、主轴等的夹紧、松开。

任务三　进给速度(F)、主轴转速(S)及刀具功能(T)指令

1. 进给速度指令——F 功能

F 功能表示进给速度，属于续效指令（模态指令）。在 G01、G02、G03 和循环指令程序段中，必须要有 F 指令，或者在这些程序段之前已经写入了 F 指令。

进给功能用地址符 F 和其后 1 至 5 位数字表示，通常以 F××× 表示。单位一般为 mm/min，当进给速度与主轴转速有关时（如车削螺纹），单位为 mm/r。

2. 主轴转速指令——S 功能

S 功能主要表示主轴转速或速度，属于续效指令（模态指令）。

主轴转速功能用地址符 S 后面加两位到四位数字表示。指令字 G96 和 G97 后面的转速单位分别为 m/min 或 r/min，通常使用 G97(r/min)。

G96　S300；主轴转速为 300 m/min

G97　S1500；主轴转速为 1500 r/min

在车床系统里：G97 表示主轴恒转速；

G96 表示恒切削速度。

3. 刀具号指令——T 指令

在自动换刀的数控机床中，该指令用以选择所需的刀具号和刀补号。刀具用字母 T 及其后面的两位或四位数字表示。

例如：T06 表示 6 号刀具(刀具的编号)；T0602 表示 6 号刀具,选用 2 号刀补号。

【项目实施】

(1) 阐述图 4.1 所示零件的数控程序指令的含义。

O0100 　　　　　(程序名)

N0010　G92 X0 Y0；(起刀点 O 点)

N0020　G90 G17 G00 X40 Y−40 S600 T01 M03；(绝对坐标编程,工作平面选为 XY 平面,
　　　　快速移动到 A 点,1 号刀具,主轴正转速度为 600 r/min)

N0030　G01 X−80 Y−40 F200；(直线插补到 B 点,进给速度 200 mm/min)

N0040　X−80 Y−20；(直线插补到 C 点,进给速度 200mm/min)

N0050　G02 X−40 Y20 R40 F100；(顺时针圆弧插补到 D 点,进给速度 100 mm/min)

N0060　G03 X20 Y80 R60；(逆时针圆弧插补到 E 点,进给速度 100 mm/min)

N0070　G01 X40 Y80 F200；(直线插补到 F 点,进给速度 200 mm/min)

N0080　Y−40；(直线插补到 A 点,进给速度 200 mm/min)

N0090　G00 X0 Y0 ；(快速移动到 A 点)

N0100　M02；(程序结束)

(2) 用其他编程方式完成图 4.1 所示零件的刀具加工路径。

分析：上面的程序是使用绝对尺寸且 R 方式编写的刀具路径,还可以采用增量尺寸且 I、J、K 方式完成编程。

O0200

N0010　G92 X0 Y0；(程序名)

N0020　G91 G17 G00 X40 Y−40 S600 T01 M03；(增量坐标编程,工作平面选为 XY 平面,
　　　　快速移动到 A 点,1 号刀具,主轴正转速度为 600 r/min)

N0030　G01 X−120 Y0 F200；(直线插补到 B 点,进给速度 200 mm/min)

N0040　X0 Y20；(直线插补到 C 点,进给速度 200 mm/min)

N0050　G02 X40 Y40 I40 J0 F100；(顺时针圆弧插补到 D 点,进给速度 100 mm/min)

N0060　G03 X60 Y60 I0 J60；(逆时针圆弧插补到 E 点,进给速度 100 mm/min)

N0070　G01 X20 F200；(直线插补到 F 点,进给速度 200 mm/min)

N0080　Y−120；(直线插补到 A 点,进给速度 200 mm/min)

N0090　G00 X−40 Y40 ；(快速移动到 A 点)

N0100　M02；(程序结束)

思考：刀具路径编程方式灵活多变,还有其他的编程方式吗,请同学们自行思考编写。

◀ 项目三　数控车床编程 ▶

【教学提示】

不同的数控机床在数控编程时也有其各自的特点,本项目重点学习数控车床的编程特点及编程技巧。

【项目任务】

在数控车床上加工如图 4.19 所示零件,毛坯是尺寸为 $\phi 82$ mm×140 mm 的圆柱体棒料,材料为中碳钢。

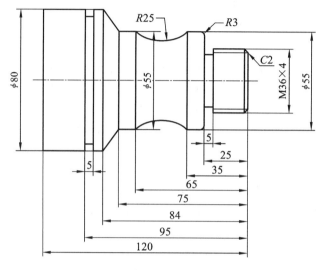

图 4.19　车削零件

【任务分析】

通过项目二我们了解到数控编程基本指令的编程方式,要完成此任务,需要掌握数控车床编程的技巧。

任务一　数控车床编程基础

1. 数控车床编程特点

(1) 在一个程序段中,可以采用绝对坐标编程、增量坐标编程或两者混合编程。

(2) 用绝对坐标编程时,坐标值 X 取工件的直径;用增量坐标编程时,用径向实际位移量的 2 倍值表示,并附上方向符号。

(3) 为提高工件的径向尺寸精度,X 向的脉冲当量取 Z 向的一半。

(4) 由于车削加工的余量较大,因此,为简化编程,数控装置常具备不同形式的固定循环。可进行多次重复循环切削。

(5) 编程时,常认为车刀刀尖是一个点,而实际上为了提高刀具寿命和工件表面质量,车刀刀尖常磨成一个半径不大的圆弧,因此为提高工件的加工精度,当编制圆头刀程序时,需要对刀具半径进行补偿。

(6) 许多数控车床用 X、Z 表示绝对坐标指令,用 U、W 表示增量坐标指令。而不用 G90,G91 指令。

(7) 第三坐标指令 I、K,在不同的程序段中作用也不相同。I、K 在圆弧切削时表示圆心相对圆弧的起点的坐标位置。而在有自动循环指令的程序中,I、K 坐标则用来表示每次循环的进刀量。

2．数控车床编程规则

1）绝对值编程与增量值编程

（1）绝对值编程。

绝对值编程是根据预先设定的编程原点计算出绝对值坐标尺寸进行编程的一种方法。即采用绝对值编程时，首先要指出编程原点的位置，并用地址 X、Z 进行编程（X 为直径值）。

（2）增量值编程。

增量值编程是根据与前一个位置的坐标值增量来表示位置的一种编程方法。即程序中的终点坐标是相对于起点坐标而言的。

采用增量值编程时，用地址 U、W 代替 X、Z 进行编程。U、W 的正负方向由行程方向确定，行程方向与机床坐标方向相同时为正；反之为负。

（3）混合编程。

绝对值编程与增量值编程混合起来进行编程的方法叫混合编程。混合编程时也必须先设定编程原点。

2）直径值编程与半径值编程

当用直径值编程时，称为直径编程法。

车床出厂时设定为直径值编程，所以在编制与 X 轴有关的各项尺寸时，一定要用直径值编程。

用半径值编程时，称为半径编程法。如需用半径值编程，则要改变机床系统中相关的参数。

3．数控车床坐标系统

机床坐标系是数控机床安装调试时便设定好的一固定的坐标系统。机床原点在主轴端面中心，参考点在 X 轴和 Z 轴的正向极限位置处。

编程坐标系是在对图纸上零件编程时建立的，程序数据便是基于该坐标系的坐标值。

工件坐标系是编程坐标系在机床上的具体体现。由相应的编程指令建立。

由"对刀"操作建立三者之间的相互联系。图 4.20 所示为机床原点、工件原点、参考点之间的位置关系。

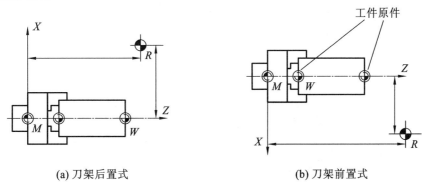

(a) 刀架后置式　　　　　　　　　　(b) 刀架前置式

图 4.20　机床原点、工件原点、参考点之间的位置关系

M—机床坐标系原点；W—工件坐标系原点；R—参考点

在图 4.20 中,图 4.20(a)表示刀架后置式车床结构,图 4.20(b)表示刀架前置式车床结构。由于车削加工是围绕主轴中心前后对称的,因此无论是前置式还是后置式,X 轴指向前后对编程来说并无多大差别。为适应笛卡儿坐标习惯,编程绘图时按后置式,即图 4.20(a)所示的方式进行表示。

编程时工件坐标系的建立通常是很灵活的,它是以工件(或图纸)上的某一个点为坐标原点,建立起来的 XOZ 直角坐标系统,如图 4.21 所示。从理论上讲,工件坐标系的原点选在工件上任何一点都可以,但这可能不利于数值计算,使编程困难。为了计算方便、简化编程,通常把工件坐标系的原点选在工件的回转中心上,具体位置设置在工件的左端面(或右端面)上,应尽量使编程基准与设计、安装基准重合。

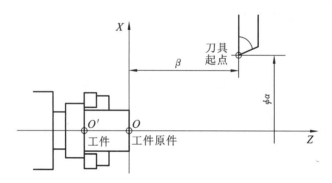

图 4.21 工件坐标系

工件坐标系通过 G50 指令设定,其指令格式为:

$$G50 \ X(\alpha)Z(\beta)$$

式中:α、β——刀尖距工件坐标系原点距离。

G50 是一个非运动指令,只起预置寄存作用,一般作为第一条指令放在整个程序指令的前面。用 G50 指令所建立的坐标系,是一个以工件原点为坐标系原点,确定刀具当前所在位置的工件坐标系。其特点如下。

(1) X 方向的坐标零点在主轴回转中心线上。

(2) Z 方向的坐标零点可以根据图纸技术要求,设在工件的右端面或左端面上,也可设在其他位置。如图 4.22 所示的三种设定方法如表 4.1 所示。

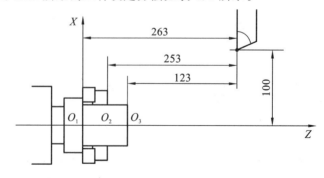

图 4.22 坐标零点设置

表 4.1 Z 坐标零点设置的三种方法

Z 坐标零点设置	设在工件左端面 O_1	设在工件右端面 O_3	设在卡盘端面 O_2
程序	G50 X200 Z263;	G50 X200 Z123;	G50 X200 Z253;
刀尖距原点距离	$X=200,Z=263$	$X=200,Z=123$	$X=200,Z=253$

4. 数控车床基本指令编程

1）快速定位指令（G00）模态代码

指令格式：G00 X(U)_Z(W)_;

指令说明：X、Z 后面的值为终点坐标值；

　　　　　U、W 后面的值是现在点与目标点之间的距离与方向。

指令功能：表示刀具以机床给定的快速进给速度移动到目标点。

【例 4-8】 如图 4.23 所示尺寸,其程序编制为：

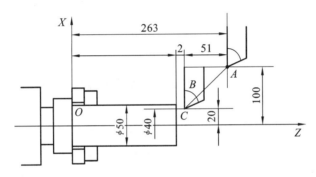

图 4.23 Z 坐标设置实例

G50 X200 Z263;设定工件坐标系

G00 X40 Z212;（绝对值指令编程）A→C

G00 U-160 W-51;（增量值指令编程）A→C

在执行上述程序段时,刀具实际运动路线不是一条直线,而是一条折线。因此,在使用 G00 指令时,要注意刀具是否与工件和夹具发生干涉,对不适合联动的场合,可再用两轴单动。

G50 X200 Z263;

G00 Z212;A→B

G00 X40;B→C

2）直线插补指令（G01）模态代码

指令格式：G01　X(U)_　Z(W)_　F_;

指令功能：G01 指令使刀具以设定的进给速度从所在点出发,直线插补至目标点。

指令说明：X、Z 后面的值为终点坐标值。

　　　　　U、W 后面的值是现在点与目标点之间的距离与方向。

　　　　　F 以 F 指令给定速度进行切削加工,在无新的 F 指令替代前一直有效。

【例 4-9】 如图 4.24 所示,设零件各表面已完成粗加工,试分别用绝对坐标方式和增量

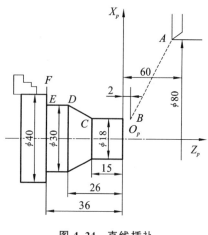

图 4.24　直线插补

坐标方式编写 G00、G01 程序段。

绝对坐标编程：

G00 X18 Z2；	$A \rightarrow B$
G01 X18 Z-15 F50；	$B \rightarrow C$
G01 X30 Z-26；	$C \rightarrow D$
G01 X30 Z-36；	$D \rightarrow E$
G01 X42 Z-36；	$E \rightarrow F$

增量坐标编程：

G00 U-62 W-58；	$A \rightarrow B$
G01W-17 F50；	$B \rightarrow C$
G01 U12 W-11；	$C \rightarrow D$
G01 W-10；	$D \rightarrow E$
G01 U10；	$E \rightarrow F$

3）圆弧插补指令（G02、G03）模态代码

指令格式：

$$\begin{cases} G02 \\ G03 \end{cases} X(U)\_Z(W)\_ \begin{cases} I\_K\_F\_； \\ R\_F\_； \end{cases}$$

指令功能：G02、G03 指令表示刀具以 F 进给速度从圆弧起点向圆弧终点进行圆弧插补。

指令说明：

（1）G02 为顺时针圆弧插补指令，G03 为逆时针圆弧插补指令。

（2）X、Z 为圆弧终点坐标值，U、W 为圆弧终点相对于圆弧起点的坐标增量。

（3）R 为圆弧半径，θ 在 $0° \sim 180°$ 时 R 为正值，θ 在 $180° \sim 360°$ 时 R 为负值，且 R 编程只适用于非整圆的圆弧插补。

（4）圆弧中心地址 I、K 的确定：无论是绝对坐标编程，还是增量坐标编程，I、K 都采用相对于圆弧起点的增量值。

【例 4-10】　如图 4.25 所示，走刀路线为 $A \rightarrow B \rightarrow C \rightarrow D \rightarrow E \rightarrow F$，试分别用绝对坐标方式和增量坐标方式编程。

绝对坐标编程：

G03 X34 Z-4 K-4（或 R4）F50；	$A \rightarrow B$
G01 Z-20；	$B \rightarrow C$
G02 Z-40 R20；	$C \rightarrow D$
G01 Z-58；	$D \rightarrow E$
G02 X50 Z-66 I8（或 R8）；	$E \rightarrow F$

增量坐标编程：

G03 U8 W-4 k-4（或 R4）F50；	$A \rightarrow B$
G01 W-16；	$B \rightarrow C$
G02 W-20 R20；	$C \rightarrow D$
G01 W-18；	$D \rightarrow E$
G02 U16 W-8 I8（或 R8）；	$E \rightarrow F$

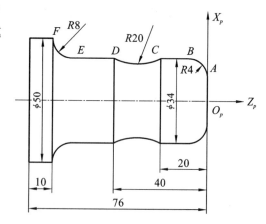

图 4.25　圆弧插补

4）刀具半径补偿指令（G40、G41、G42）模态代码

编程时，常认为车刀刀尖是一个点，而实际上为了提高刀具寿命和工件表面质量，车刀刀尖常磨成一个半径不大的圆弧，如图4.26(a)所示。加工过程中，由于刀尖的圆度，刀尖圆弧半径中心与编程轨迹会偏移一个刀尖圆弧半径值 R，如图4.26(b)所示，用刀具半径补偿功能，可以补偿这种误差，如图4.26(c)所示。因此为提高工件的加工精度，当编制圆头刀程序时，需要对刀具半径进行补偿。

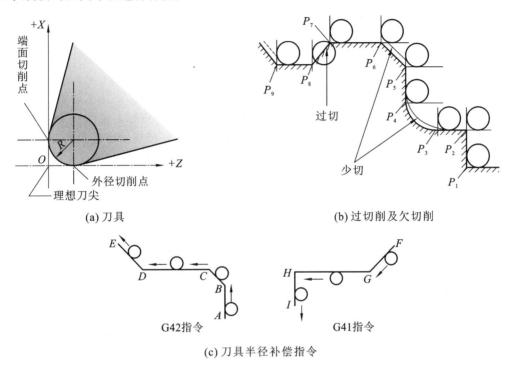

(a) 刀具

(b) 过切削及欠切削

(c) 刀具半径补偿指令

图 4.26　刀具半径补偿的作用

具有刀具半径补偿功能的数控车床，在编程时，不用计算刀尖半径中心轨迹，只要按工件轮廓编程即可。刀具半径补偿可通过手动方式，直接从控制面板上输入，数控系统便能自动计算出刀具半径中心轨迹。在执行刀具半径补偿时，刀具会自动偏移一个刀具半径。当刀具磨损（或重磨），刀尖半径变小；刀具更换，刀尖半径变大（或小）时，只需通过更改输入的刀具半径补偿值即可，而不需要修改程序。当用同一把刀具进行粗、精加工时，也可以运用本功能。设精加工余量为 δ，则粗加工时，可设刀具半径补偿值为 $R+\delta$，而精加工时，刀具半径补偿则应改为 R。

G41——刀具半径左刀补，沿着刀具运动（前进）方向看，刀具位于工件左侧时的刀具半径补偿，称为刀具半径左补偿功能。如图4.26(c)所示。

G42——刀具半径右刀补，沿着刀具运动（前进）方向看，刀具位于工件右侧时的刀具半径补偿，称为刀具半径右补偿功能。如图4.26(c)所示。

G40——取消刀具半径补偿，G40指令用来取消G41与G42的指令。

在使用刀具半径补偿指令时，需注意若程序中前面有了G41或G42指令之后，就不能再直接使用G41或G42指令。若想使用，则必须先用G40指令取消原G41或G42指令，否

则补偿就不正常。

任务二　数控车床复合循环指令编程

由于车削的毛坯多为棒料和铸锻件,因此车削加工多为大余量多次走刀。所以在车床的数控装置中总是设置各种不同形式的固定循环功能。如内外圆柱面循环、内外锥面循环、切槽循环和端面循环、内外螺纹循环以及各种复合面的粗车切削循环等。应注意的是,各种数控车床的控制系统不同,所以这些循环的指令代码及其程序格式也不尽相同。必须根据使用说明书的具体规定进行编程。下面对常用的复合循环指令做一些简单介绍。

1. 外径粗车循环指令 G71

外径粗车固定循环指令 G71 适用于毛坯料粗车外径和粗车内径。如图 4.27 所示为粗车外径的加工路径。图中 C 是粗加工循环的起点,A 是毛坯外径与端面轮廓的交点。只要在程序中,给出 $A \rightarrow A' \rightarrow B$ 之间的精加工形状及径向精车余量 $\Delta U/2$,轴向精车余量 ΔW 及每次切削深度 Δd 即可完成 $AA'BA$ 区域的粗车工序。图 4.27 中 e 为退刀量,它是模态指令,用参数设定。以直径编程方式的粗车外径循环指令编程格式为:

$$G71\ P(NS)\_Q(NF)\_U(\Delta U)\_W(\Delta W)\_D(\Delta d)\_F\_S\_T\_;$$

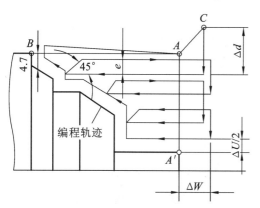

图 4.27　粗车外径 G71 循环方式

程序段中各地址含义如下:

NS——循环开始的程序段号;

NF——循环结束的程序段号;

ΔU——径向(X 向)精车余量(直径值);

ΔW——轴向(Z 向)精车余量;

Δd——切削深度(沿 AA' 方向)。

在整个粗车循环中(即自循环开始到循环结束),在 NS～NF 程序段内指令 F、S、T 不起作用,只执行循环开始前指令的 F、S、T 功能,即进给速度、主轴转速、刀具均不能改变。在 G71 指令的程序段中,F、S、T 是有效的。G71 循环方式的特点是:循环切削过程中,最初的切深(Δd)方向,是刀具切削平行于 Z 轴。

2. 精加工循环指令 G70

G70 指令指定精车循环、切除粗加工中留下的余量。G70 精车循环的编程指令格式为:

$$G70\ P(NS)\_Q(NF);$$

在 G70 状态下,从 NS～NF 程序中指定的 F、S、T 有效。当 NS～NF 程序中不指定 F、S、T 时,原粗车循环中指定的 F、S、T 仍有效。

【**例 4-11**】 如图 4.28 所示,工艺设计规定:粗车时进刀深度为 2 mm,进给速度为 100 mm/min,主轴转速为 500 r/min,精工余量为 0.5 mm(X 向),0.2 mm(Z 向),运用外圆粗加工循环指令编程。

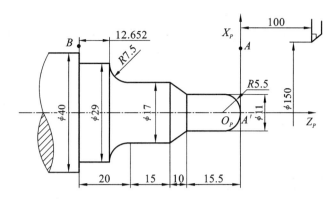

图 4.28 G71 与 G70 复合固定循环编程

O0010

N010 G50 X150 Z100；

N020 G00 X41 Z0；(快速到达循环起点 A)

N030 G71 P40 Q110 U0.5 W0.2 D2 F100 S500 ；

N040 G00 X0 Z0；(X 轴移动,Z 轴未移动→A)

N050 G03 X11 W−5.5 R5.5；

N060 G01 W−10；

N070 X17 W−10；

N080 W−15；

N090 G02 X29 W−7.348 R7.5；

N100 G01 W−12.652；

N110 X41；(B 点)(刀具自动返回循环起点 A′)

N120 G70 P40 Q110；

N130 M05；

N140 M30；

3. 端面粗车循环指令 G72

如图 4.29 所示,G72 指令的含义与 G71 相同,不同之处是刀具平行于 X 轴方向切削,它是从外径方向往轴心方向切削端面的粗车循环,该循环方式适用于圆柱棒料毛坯端面方向的粗车,即径向切削余量较大。G72 端面粗车循环的编程指令格式为：

G72 P(NS)_Q(NF)_U(ΔU)_W(ΔW)_D(Δd)_F_S_T_；

程序段中各地址含义如下：

NS——循环开始的程序段号；

NF——循环结束的程序段号；

ΔU——径向(X 向)精车余量(直径值)；

ΔW——轴向(Z 向)精车余量；

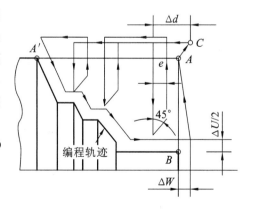

图 4.29 粗车端面 G72 循环方式

Δd——切削深度(沿 AA' 方向)。

【例 4-12】 如图 4.30 所示,工艺设计规定:粗车时进刀深度为 1 mm,进给速度为 100 mm/min,主轴转速为 500 r/min,精加工余量为 0.1 mm(X 向),0.2 mm(Z 向),运用端面粗加工循环指令编程。

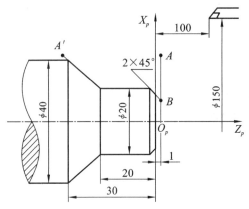

图 4.30 G72 与 G70 复合固定循环编程

```
O0010
N010 G50 X150 Z100;
N020 G00 X41 Z1;(A 点)
N030 G72 P40 Q70 U0.1 W0.2 D1 F100 S500;
N040 G00 X41 Z-31;(Z 轴移动,X 轴未移动→A')
N050 G01 X20 Z-20;
N060 Z-2;
N070 X14 Z1;(B 点)(刀具自动返回循环起点 A)
N080 G70 P40 Q70;(精加工)
N080 M05;
N090 M30;
```

4. 固定形状粗车循环指令 G73

固定形状粗车循环是适用于铸、锻件毛坯零件的一种循环切削方式。由于铸、锻件毛坯的形状与零件的形状基本接近,只是外径、长度较成品大一些,形状较为固定,故称之为固定形状粗车循环。这种循环方式的走刀路径如图 4.31 所示。G73 固定形状粗车循环的编程指令格式为:

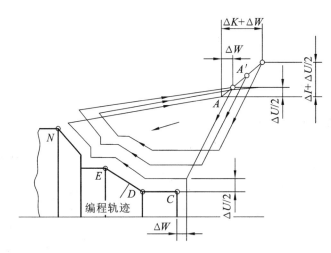

图 4.31 粗车固定循环 G73

G73 P(NS)_Q(NF)_I(ΔI)_K(ΔK)_U(ΔU)_W(ΔW)_D(Δd)_F_S_T_;
程序段中各地址含义如下:

ΔI——(径向)X 轴粗车总余量(半径值);

ΔK——(轴向)Z 轴粗车总余量;

Δd——粗车循环次数。

【例 4-13】 如图 4.32 所示,粗车余量为 18 mm(X 向),5 mm(Z 向),进给速度为

100 mm/min,主轴转速为 500 r/min,精加工余量为 0.5 mm(X 向),0.5 mm(Z 向),循环次数为 10 次。运用固定形状切削复合循环指令编程。

O0100

N010 G50 X100 Z100;

N020 G00 X50 Z10;(A)

N030 G73 P40 Q90 I18 K5

U0.5 W0.5 D10 F100 S500;

N040 G01 X0 Z1;(A′)

N050 G03 X12 W-6 R6;

N060 G01 W-10;

N070 X20 W-15;

N080 W-13;

N090 G02 X34 W-7 R7;(B 点,并自动返回 A 点)

N100 G70 P40 Q90 F30;(精加工)

N110 M05;

N120 M30;

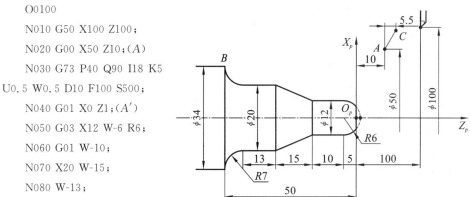

图 4.32 G73 与 G70 复合固定循环编程

5. 深孔钻削循环指令 G74

G74 指令其动作如图 4.33 所示,这一功能本来是外形断续切削功能,若能把指令格式中的 X(U)和 I 值省略,则可以用来做深孔钻削循环加工,其实 G74 多用于钻孔加工。该指令与直接用 G01 加工孔比较,编程简捷、方便。G74 指令格式为:

$$G74 \quad X(U)\_Z(W)\_I\_K\_D\_F\_;$$

程序段中各地址含义如下:

X——B 点的 X 坐标;

U——$A \rightarrow B$ 的增量值;

W——$A \rightarrow C$ 的增量值;

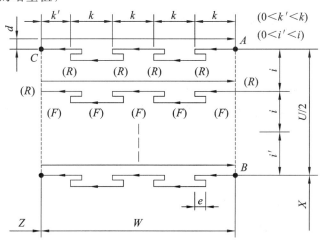

图 4.33 G74 钻削循环指令循环方式

I——X 方向的移动量(无符号指定)(i);

K——Z 方向的切削量(无符号指定)(k);

D——切削刀终点时的退刀量,可视为 0,D 通常以正值指定,X(U) 和 I 省略的场合,退刀方向的符号附带指定;

F——进给速度。

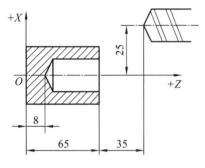

图 4.34 用 G74 指令深孔加工

【例 4-14】 如图 4.34 所示,要在车床上钻削直径为 5 mm,长为 57 mm 的深孔,使用 G74 指令,加工程序为:

O0004

N01 G50 X50 Z100;(建立工件坐标系)

N02 G00 X0 Z68.0 S800 M03;

(钻头快进趋近)

N03 G74 Z8 k5 F0.15;

(用 G74 指令钻削循环)

N04 G00 X50 Z100;

(刀具快速退至参考点)

6. 外径切槽循环指令 G75

G75 指令可以用于外径沟槽的断续切削,以利于断屑与排屑。其指令格式为:

    G75 X(U)_Z(W)_I_K_F_D_;

【例 4-15】 如图 4.35 所示,要加工一个深槽,进给量为 0.25 mm/r,采用 G75 指令编程。

    O0005

    N01 G50 X90 Z125;

    N02 G00 X42 Z41 S800;

    N03 G75 X20 Z25 I3 K3.9 F0.25;

    N04 G00 X90 Z125;

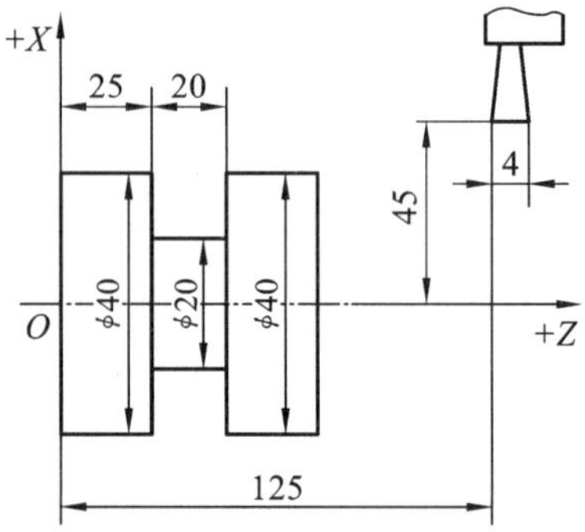

图 4.35 用 G75 外径切槽循环指令

任务三 螺纹切削及螺纹自动循环

在数控车床上可以加工螺纹的指令,有单行程螺纹切削指令 G32、G33 和 G34;简单螺纹切削循环指令 G92 和螺纹切削复合循环指令 G76。这里只介绍简单和最常用的单行程螺纹切削指令 G32 和螺纹切削复合循环指令 G76。

1. 单行程螺纹切削指令 G32

G32 是单行程螺纹切削指令,在切削过程中,车刀进给运动是严格按指令中规定的螺纹导程进行的。其指令格式为:

    G32 X(U)_Z(W)_F_;

注意:F——螺纹导程(精确到 0.01 mm)。

如图 4.36 所示,螺纹加工时需要注意以下几点。

(1) 设置足够的升速进刀段 δ_1 和降速退刀段 δ_2,避免步进电机或伺服电机的升降速过程影响螺纹加工的质量,一般 $\delta_1=(3\sim5)F$,$\delta_2=(1\sim2)F$。

(2) 螺纹大径由外圆车削保证,按照螺纹公差确定其尺寸范围。

(3) 螺纹小径一般分数次进给达到,常用螺纹切削的进给次数与背吃刀量如表 4.2 所示。

(4) 必须保持恒转速,保证螺距不发生变化。

对于圆锥螺纹加工如图 4.37 所示,程序段格式如下:

G32 X_Z_F_；$\left\{ \begin{matrix} \text{G32 } & \text{Z\_F\_；圆柱螺纹} \end{matrix} \right.$

圆锥螺纹$\left\{ \begin{matrix} \text{G32 } & \text{X\_F\_；端面螺纹} \end{matrix} \right.$

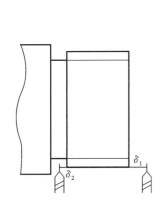

图 4.36 螺纹加工

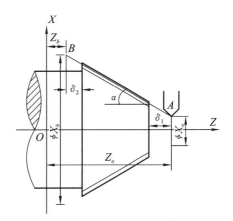

图 4.37 圆锥螺纹加工

表 4.2 常用螺纹切削的进给次数与背吃刀量(米制、双边)(mm)

螺　　距		1.0	1.5	2.0	2.5	3.0	3.5	4.0
牙　　深		0.649	0.975	1.299	1.624	1.949	2.273	2.598
背吃刀量及切削次数	1 次	0.7	0.8	0.9	1.0	1.2	1.5	1.5
	2 次	0.4	0.6	0.6	0.7	0.7	0.7	0.8
	3 次	0.2	0.4	0.6	0.6	0.6	0.6	0.6
	4 次		0.16	0.4	0.4	0.4	0.6	0.6
	5 次			0.1	0.4	0.4	0.4	0.4
	6 次				0.15	0.4	0.4	0.4
	7 次					0.2	0.2	0.4
	8 次						0.15	0.3
	9 次							0.2

【例 4-16】 如图 4.38 所示,设定用 6 刀完成切削,第 1 刀至第 6 刀的螺纹切削余量依次为 $d_1=0.7$、$d_2=0.4$、$d_3=0.4$、$d_4=0.2$、$d_5=0.14$、$d_6=0.1$,单位均为 mm,下同。

```
O0100
N01 G50 X80 Z120；
N02 G00 X40 S800；
N03 G00 Z104.0；
```

N04   X29.30;($d_1=0.7$)

N05 G32 Z56.0 F1.5;

N06 G00 X40.0;

N07   Z104.0;

N08   X28.90;($d_2=0.4$)

N09 G32 Z56.0;

N10 G00 X40.0;

N11   Z104.0;

N12   X28.50;($d_3=0.4$)

N13 G32 Z56.0;

N14 G00 X40.0;

N15   Z104.9;

N16   X28.3;($d_4=0.2$)

N17 G32 Z56;

N18 G00 X40.0;

N19   Z104.9;

N20   X28.16;($d_5=0.14$)

N21 G32 Z56;

N22 G00 X40.0;

N23   Z104.9;

N24   X28.06;($d_6=0.1$)

N25 G00 X40.0;

N26   Z104.0;

N27 G00 X80 Z120 M30;

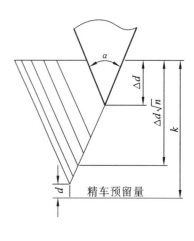

图 4.38 用 G32 指令螺纹加工

2. 螺纹切削复合循环指令 G76

螺纹切削复合循环指令 G76 可节省程序设计与计算时间。其切削路径及进刀方法如图 4.39 所示,其指令格式为:

G76 X(U)_Z(W)_I_K_D_F_A_;

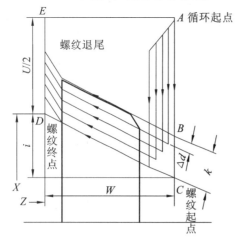

图 4.39 螺纹切削复合循环 G76

其中:I——螺纹部分的半径差,$I=0$ 时为圆柱螺纹;

  K——螺纹的高度(X 方向的距离指定),用半径值指令;

  D——第一回(刀)切深,用半径值指令,即 $D=$(大径－小径)/2;

  F——螺纹导程;

  A——刀尖角(螺纹牙型角),有 80°、60°、55°、30°、29°、0°等六种。

【例4-17】 如图 4.40 所示,工艺设计规定:
运用螺纹切削复合循环指令编程,刀尖为 60°,
螺纹高度为 2.4 mm,第一次切深取 0.7 mm,螺
距为 4 mm,螺纹小径为 33.8 mm。

  G00 X60 Z10;

  G76 X33.8 Z—60 I0 K2.4

  D0.7 F4 A60;

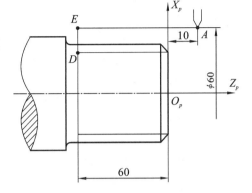

图 4.40 用 G76 完成螺纹指令编程

【**项目实施**】

1. 确定工件的装夹方式及加工工艺路线

根据模块三项目一中制定的数控车加工工艺表来确定,如表 3.5 所示。

2. 基点坐标计算

根据模块三项目二中建立的工件坐标系及基点坐标,换刀点选在(150,60)处。如图 4.41所示。

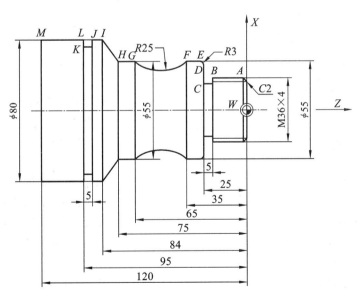

图 4.41 回转体零件

  $A(36,-2)$、$B(36,-20)$、$C(30,-25)$、$D(49,-25)$、$E(55,-28)$、
  $F(55,-35)$、$G(55,-65)$、$H(55,-75)$、$I(80,-84)$、$J(80,-90)$、
  $K(72,-95)$、$L(80,-95)$、$M(80,-120)$

3. 程序设计

```
O0001
N100 G50 X150 Z60；                                坐标设定
     S1200 M03 T01；                               1 号刀具，指定主轴转速
     G00 X84 Z0 M08；                              快速定位接近工件
     G01 X-1 F0.25；                               平端面
     G00 X84；
          Z1；                                     快速定位到循环起点
     G71 P101 Q110 U0.3 W0.2 D4.0 F0.25；          外圆粗车固定循环
N101 G00 X30；                                     快速定位
N102 G01 X36 Z-2 F0.15 S1500；                     倒角、车外圆
N103 G01 X36 Z-25；
N104     X49 Z-25；                                直线插补切削到 D 点
N105 G03 X55 Z-28 R3；                             逆时针圆弧插补切削到 E 点
N106 G01 X55 Z-35；                                直线插补切削到 F 点
N107 G02 X55 Z-65 R25；                            顺时针圆弧插补切削到 G 点
N108 G01 X55 Z-75；                                直线插补切削到 H 点
N109 G01 X80 Z-84；                                直线插补切削到 I 点
N110 G01 X80 Z-120；                               直线插补切削到 M 点
     G70 P101 Q110；                               精车固定循环
     G00 X150 Z60 M09；                            快速返回换刀点
     M05；
     M00；                                         程序停止
N200 T04 S800 M03；                                换 4 号刀具切槽刀
     G00 X84 Z1；                                  快速定位接近工件点
          X45；
          Z-25 M08；                               快速定位到切槽起点
     G75 X30 Z-25 I4 F0.1；                        切槽循环，切螺纹退刀槽
     G00 X84 Z1 M09；                              快速退刀到接近工件点

     G00 Z-95 M08；                                快速定位到切槽起点
     G75 X72 Z-95 I4 F0.1；                        切槽循环，切第二个槽
     G00 X84 Z1 M09；                              快速退刀到接近工件点
     G00 X150 Z60；                                快速返回换刀点
     M05；
     M00；                                         程序停止
N300 T03 S800 M03；                                换 3 号刀具螺纹车刀
     G00 X84 Z1；                                  快速定位接近工件点
     G00 X48 Z1 M08；                              快速定位
     G76 X30.804 Z-27.5 K2.598 D1.2 F4 A60；       螺纹切削循环
     G00 X84 Z1 M09；                              快速退刀
```

G00 X150 Z60；　　　　　　　　　快速返回换刀点

M05；

M00；　　　　　　　　　　　　　　程序停止

N400T04 S800 M03；　　　　　　　换 4 号刀具切槽刀

　　G00 X84 Z1；　　　　　　　　　快速定位接近工件点

　　G00 X84 Z-125 M08；　　　　　快速移动到 $Z=-125$ 的位置

　　G01 X-1 F0.1；　　　　　　　　切断,保证工件长度 120

　　G00 X150 Z60 M05；

　　M30；

◀ 项目四　数控铣床编程 ▶

【教学提示】

　　通过项目二和项目三了解了数控编程基本指令的编程方式和数控编程技巧,本项目重点学习数控铣床的编程特点及编程技巧。

【项目任务】

　　在数控铣床上加工如图 4.42 所示零件,毛坯是尺寸为 180 mm×100 mm×15 mm 的板材,材料为中碳钢。

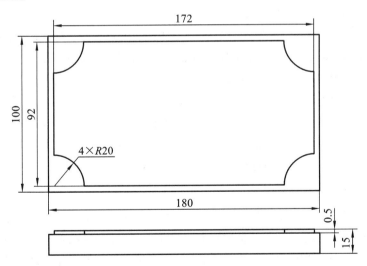

图 4.42　平面轮廓零件

【任务分析】

　　图 4.42 所示零件主要是完成二维平面轮廓的加工,故采用立式数控机床加工即可,要完成此任务,需要掌握数控铣床编程的技巧。

任务一　数控铣床编程基础

1. 数控铣床编程特点

(1) 铣削是机械加工中最常用的方法之一,它包括平面铣削和轮廓铣削。使用数控铣床的目的在于:解决复杂的和难加工的工件加工问题;把一些用普通机床可以加工(但效率不高)的工件,改用数控铣床加工,可以提高加工效率。数控铣床功能各异,规格较多。编程时需要考虑如何最大限度地发挥数控铣床的特点。两坐标联动数控铣床用于加工平面零件轮廓;三坐标以上的数控铣床用于加工难度较大的复杂工件的立体轮廓;铣镗加工中心具有多种功能,可以采用多工位、多工件和多种工艺方法加工。

(2) 数控铣床的数控装置具有多种插补方式,一般都具有直线插补和圆弧插补。有的还具有极坐标插补、抛物线插补、螺旋线插补等多种插补功能。编程时要合理充分地选择这些功能,以提高加工精度和效率。

(3) 程序编制时要充分利用数控铣床齐全的功能,如刀具位置补偿、刀具长度补偿、刀具半径补偿和固定循环、对称加工等功能。

(4) 由直线、圆弧组成的平面轮廓铣削的数学处理比较简单。非圆曲线、空间曲线和曲面的轮廓铣削加工,数学处理比较复杂,一般要采用计算机辅助计算和自动编程。

2. 数控铣床编程的坐标方式

数控铣床编程时,可采用绝对坐标编程方式或增量坐标编程方式。

在数控系统中,已定义有绝对坐标编程指令(G90)和增量坐标编程指令(G91)。这时可以用 G90 或 G91 指令编程的坐标方式。

G90 指令为模态化指令,在此指令之后,后面的坐标值都是绝对坐标,除非用了 G91 指令来取代它。在编程时,若没有设置原点,则加工程序的第一条指令必须是该指令,以便以绝对坐标方式确定程序原点。系统初始化(复位)后,机床处于 G90 状态。

G91 指令也是模态化指令,在该指令后的程序段中编入的坐标均为增量坐标。在同一个加工程序中,G90、G91 要反复替换使用,以实现在绝对坐标与增量坐标之间的转换。对于某次具体的运动,是根据最后所设定指令的 G90 或 G91 模式而定。

3. 数控铣床工件坐标系设定指令

1) 工件坐标系设定

在编程中,一般要选择工件或夹具上的某一点作为编程零点,并以这一点为原点,建立一个坐标系,称为工件坐标系,这个坐标系的原点与机床坐标系的原点(机床零点)之间的距离用 G92 (数控车床中用 G50)指令进行设定。即确定工件坐标系原点在距刀具现在为止多远的地方,也就是以程序的原点为准,确定刀具起始坐标值,并把这个设定值存到程序存储器中,作为零件所有加工尺寸基准点。因此在每个程序的开头都要设定工件坐标系指令。其指令格式为:

G92 X_Y_Z_;

X_Y_Z_为刀具上刀位点在工件坐标系中的初始位置。

G92 指令是不产生运动的指令。所有设定工件坐标系的程序段只是设定程序原点,并不产生运动。

2）零点偏置

所谓零点偏置就是在编程过程中进行编程坐标系（工件坐标系）的平移变换，使编程坐标系的零点偏移到新的位置。

数控铣床除了可用 G92 指令建立工件坐标系以外，还可以用 G54～G59 指令设置工件坐标系。这样设置的每一个工件坐标系自成体系。采用 G54～G59 指令建立的坐标系不像用 G92 指令那样，需要在程序段中给出工件坐标系与机床坐标系的偏置值，而是在安装工件后测量工件坐标系原点相对于机床坐标系原点在 X、Y、Z 各轴方向的偏置量，然后用 MDI 方式将其输入到数控系统的工件坐标系偏置值存储器中。系统在执行程序时，从存储器中读取数值，并按照工件坐标系中的坐标值运动。

（1）绝对零点偏置指令 G54。

指令格式为：

     G54 X_Y_Z_

其中，X、Y、Z 是新坐标系原点在原坐标系中的坐标。

注意：G54 功能将使编程原点平移到 X、Y、Z 所规定的坐标处；X、Y、Z 三个坐标可以全部平移，也可以部分平移，未写入的坐标，其原点不平移；G54 为独立的程序段，该程序段中不得出现其他指令；G54 以后程序段，将以 G54 建立的新的坐标系编程，不必考虑原坐标系的影响；动态坐标显示仍然相对于原来的坐标系；G54 本身不是移动指令，它只是记忆坐标偏置，如需要刀具运动，必须再编 G01 或 G00 程序段；G54 后的坐标值可以是正负数，小数点前允许 4 位，小数点后允许 3 位。

图 4.43 所示为工件坐标系与机床坐标系之间的关系。使用 G54 设定工件坐标系的程序段如下：

     G90 G54 G00 X100 Y50 Z200；

其中 G54 为设定工件坐标系，其原点与机床坐标系原点的偏置值已输入数控系统的存储器中，其后执行 G00 X100 Y50 Z200 时，刀具就移动到 G54 所设定的工件坐标系中 X100 Y50 Z200 的位置上。

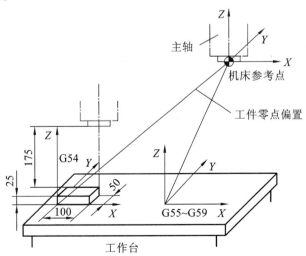

图 4.43　工件坐标系与机床坐标系之间的关系

（2）相对零点偏置指令 G55。

指令格式为：

    G55 X_Y_Z_

其中，X、Y、Z 是新坐标系原点相对于刀具当前位置的坐标。

注意：G55 与 G54 的区别是使坐标系的原点从刀具的当前位置平移 X、Y、Z 形成新的坐标系，其余描述与 G54 相同。

（3）当前零点偏置指令 G56。

指令格式为：

    G56

注意：G56 与 G55、G54 的区别是将当前刀具位置设为坐标原点，其余描述与 G54 相同。

（4）撤销零点偏置指令 G53。

指令格式为：

    G53

注意：在零点偏置后，G53 将使加工原点恢复到最初设定的编程原点；G53 必须在执行过零点偏置功能后才有效。

任务二　数控铣床简化指令

数控铣床使用的 M、S、T、F 指令与前面已经介绍的内容相同，对于快速定位指令 G00、直线插补指令 G01、圆弧插补指令 G01/G03、刀具补偿指令 G41/G42、G43/G44 和 G40 指令与前面项目二中介绍的基础指令基本相同。对于其他 G 指令，具体的机床都有进一步的说明，这里介绍一下部分简化程序段的功能指令。

1. 镜像加工指令

在加工某些对称图形时，为避免反复编制相类似的程序，缩短加工程序，可采用镜像加工功能。图 4.44(a)、(b)、(c) 分别是关于 Y 轴、X 轴、原点对称的图形，编程轨迹为其中一半的图形，另一半可通过镜像加工指令完成。

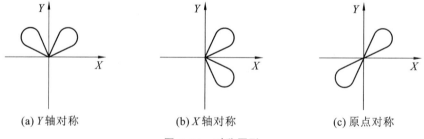

(a) Y 轴对称　　　　　(b) X 轴对称　　　　　(c) 原点对称

图 4.44　对称图形

1）Y 轴镜像加工指令 G11

指令格式为：

    G11　N (NS).(NF).(L)；

式中：NS——镜像加工程序开始的程序段号；

   NF——镜像加工程序结束的程序段号；

L——循环次数,01~99。循环次数为1时省略。

2）X 轴镜像加工指令 G12

指令格式为:

G12 N (NS).(NF).(L);

3）原点对称加工指令 G13

指令格式为:

G13 N (NS).(NF).(L);

注意:

① 这组指令的作用是将本程序段所定义的两个程序段号之间的程序,分别按 Y 轴、X 轴、原点对称加工,并按循环次数循环若干次。

② 镜像加工完成后,下一加工程序段是镜像加工定义段的下一程序段。如:

N0010 ……;

N0020 ……;

…… ……;

N0100 G11 N0030.0060.02;

N0110 M02;

该程序的实际加工顺序为 N0010→N0020→……→N0100(将 N0030 N0060 之间程序按 Y 轴对称加工,循环两次)→N0110。

③ 镜像加工指令不可作为整个加工程序段的最后一段。若位于最后时,则再写一句 M02 程序段。

④ G11、G12、G13 所定义的镜像加工程序段内,不得发生其他转移加工指令,如子程序、跳转移加工等。

【例 4-18】 如图 4.45 所示,已知工件材料为 Q195,T01 为 ϕ3 mm 的立铣刀,要求在数控铣床上刻出如图 4.44 所示的图形,图形线条宽度为 3 mm,深度为 2 mm。利用关于原点对称功能编制的程序为:

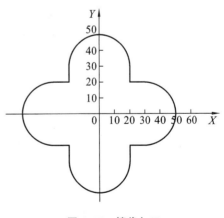

图 4.45 镜像加工

N0010　G92X0Y0Z0;

N0020　G00Z4T01S1000M03;抬刀

N0030　G00X0Y50;

N0040　G01Z-2F300;下刀

N0050　G02X20Y30I0J-20;

N0060　G01Y20;

N0070　X30;

N0080　G02X50Y0I0J-20;

N0090　G00Z4;抬刀

N0100　G00X0Y0;

N0110　G11 N0020.0100;

N0120 G12 N0020.0100;

N0130 G13 N0020.0100;

N0140　M02;

2. 子程序

在编制加工程序中,有时会出现有规律、重复出现的程序段。将程序中重复的程序段单独抽出,并按一定格式单独命名,称之为子程序。

编程时,为了简化程序的编制,当一个零件上有相同的加工内容时,常用调用子程序的方法进行编程。调用子程序的程序称为主程序。子程序的编号与一般程序基本相同,只是以 M99 表示子程序结束,并返回到调用子程序的主程序中。调用子程序的编程格式为:

      M98 P 程序号 L 调用次数;

      ⋮

      O010 子程序程序号

      N01 子程序体

      ⋮

      N10 M99;子程序结束并返回主程序

使用子程序时应注意以下几点。

(1)主程序可以调用子程序,子程序也可以调用其他子程序,单子程序不能调用主程序和自身。

(2)主程序中模态代码可被子程序中同一组的其他代码所更改。

(3)最好不要在刀具补偿状态下的主程序调用子程序。

【例 4-19】 如图 4.46 所示,在一块平板上加工 6 个高为 10 mm 的等边三角形,每边的槽深为 −2 mm,工件上表面为 Z 向零点。其程序的编制就可以采用调用子程序的方式来实现(编程时不考虑刀具补偿)。

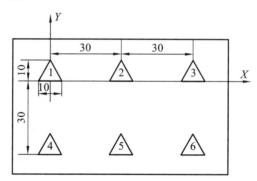

图 4.46　子程序加工

      O1010

      N10 G54 G90 G01 Z40 F2000；

      进入工件加工坐标系

      N20 M03 S800；

      主轴启动

      N30 G00 Z3；

      快进到工件表面上方

      N40 G01 X 0 Y10；

      到 1# 三角形上顶点

N50 M98 P20；

调 20 号切削子程序切削三角形，即 N50 M98 P20 L1；

N60 G90 G01 X30 Y10；　　　　到 2♯三角形上顶点

N70 M98 P20；　　　　　　　　调 20 号切削子程序切削三角形

N80 G90 G01 X60 Y10；　　　　到 3♯三角形上顶点

N90 M98 P20；　　　　　　　　调 20 号切削子程序切削三角形

N100 G90 G01 X 0 Y－20；　　　到 4♯三角形上顶点

N110 M98 P20；　　　　　　　　调 20 号切削子程序切削三角形

N120 G90 G01 X30 Y－20；　　　到 5♯三角形上顶点

N130 M98 P20；　　　　　　　　调 20 号切削子程序切削三角形

N140 G90 G01 X60 Y－20；　　　到 6♯三角形上顶点

N150 M98 P20；　　　　　　　　调 20 号切削子程序切削三角形

N160 G90 G01 Z40 F2000；　　　抬刀

N170 M05；　　　　　　　　　　主轴停

N180 M30；　　　　　　　　　　程序结束

　

O20　　　　　　　　　　　　　　子程序名

N10 G91 G01 Z－5 F100；　　　在三角形上顶点切入(深)2 mm

N20 G01 X－5 Y－10；　　　　　切削三角形

N30 G01 X 10 Y 0；　　　　　　切削三角形

N40 G01 X－5 Y 10；　　　　　切削三角形

N50 G01 Z 5 F2000；　　　　　抬刀

N60 M99 ；　　　　　　　　　　子程序结束，返回主程序

注意：之前对刀设置 G54：$X＝－400,Y＝－100,Z＝－50$。

3. 转移指令

在编程时，为了简化程序的编制，步进可以用子程序，还可以用转移指令加工。对于 XK0816A 数控铣床来说，转移指令有以下两种情况。

1）跳转移加工指令 G25

指令格式为：

　　G25 N(NS).(NF).(L)；

式中：NS——跳转移加工程序开始的程序段号；

　　NF——跳转移加工程序结束的程序段号；

　　L——循环次数，应大于1。

注意：本格式的定义与 G11 相同，N 后为两程序段号的循环次数；G25 功能执行完毕后的下一段加工程序为跳转移加工结束段号的下一段，即 NS 与 NF 程序段号均在 G25 指令的程序段之后，即：

　　G25 N(NS).(NF).(L)；

　　NS ……；

　　…………；

　　NF ……；

注意事项与 G11 相同;G25 程序段中不能出现其他指令。

2）转移加工指令 G26

指令格式为：

G26 N(NS).(NF).(L)

注意:与 G25 区别的地方就是转移加工执行完毕后,下一个程序段为 G26 定义段的下一段。这样一来,NS 与 NF 段号均应在含 G26 指令的程序段之前,且循环次数也应比 G25 少一次。即：

NS ……；

…………；

NF ……；

G26 N(NS).(NF).(L)；

【项目实施】

1. 确定工件的装夹方式及加工工艺路线

根据模块三项目一中制定的数控铣加工工艺(如表 3.6 所示)进行确定。

2. 基点坐标计算

根据模块三项目二中建立的工件坐标系及基点坐标进行计算,如图 4.47 所示。

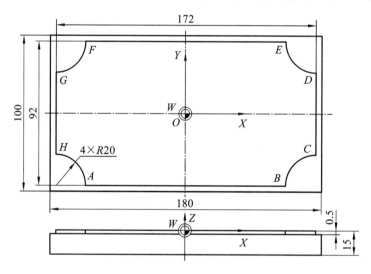

图 4.47　平面轮廓零件图

$A(-66,-46)$、$B(66,-46)$、$C(86,-26)$、$D(86,26)$、
$E(66,46)$、$F(-66,46)$、$G(-86,26)$、$H(-86,-26)$

3. 程序设计

根据表 3.6 所示的数控铣加工工艺,欲将该工件完整地加工出来需要两次装夹。一次装夹完成大部分加工内容,先加工上表面,再换刀铣周边平面轮廓,同时,根据图样要求及刀具的加工情况考虑设定粗加工和精加工。之后,翻转零件进行二次装夹,完成零件厚度的加工。

为了得到比较光滑的零件轮廓,同时使编程简单,此处仅介绍铣周边平面轮廓程序。考虑粗加工和精加工均采用顺铣方法规划走刀路线,即按 $G \to F \to E \to D \to C \to B \to A \to H$ 切削。粗精加工采用刀具半径补偿来实现,粗加工采用 $D01 = 10.2$ mm,精加工采用 $D02 = 10$ mm。程序设计如下:

```
O0100
N0010 G92 X0 Y0 Z0;                          建立工件坐标系
N0020 G00 Z10;                               抬刀
N0030 S1000 M03;                             主轴启动
N0040 G00 X-100 Y-50;                        快速定位到中间点
N0050 G01 Z-0.3 F300 M08;                    下刀
N0060 G41 G01 X-86 Y-26 D01;                 粗加工刀具半径补偿
N0070    G01 X-86 Y26;                       直线插补,到 G 点
N0080    G03 X-66 Y46 R20;                   逆时针圆弧插补,到 F 点
N0090    G01 X66  Y46;                       直线插补,到 E 点
N0100    G03 X86 Y26 R26;                    逆时针圆弧插补,到 D 点
N0110    G01 X86 Y-26;                       直线插补,到 C 点
N0120    G03 X66 Y-46 R20;                   逆时针圆弧插补,到 B 点
N0130    G01 X-66 Y-46;                      直线插补,到 A 点
N0140    G03 X-86 Y-26 R20;                  逆时针圆弧插补,到 H 点
N0150    G01 X-100;                          退刀
N0160 G40 G01 Y-50;                          取消半径补偿
N0170 G41 G01 X-86 Y-26 D02 F100 S1200;      精加工刀具半径补偿
N0180 G26 N0070.0150;                        跳转到 0070 程序段,进行精加工
N0190 G40 G01 Y-50;                          取消半径补偿
N0200 G00 Z10 M09;                           抬刀
N0210 M05;                                   主轴停转
N0220 M02;                                   程序结束
```

◀ 项目五 加工中心编程 ▶

【教学提示】

数控加工中心在机床结构上配有刀库及自动换刀装置,通过在刀库上安装不同用途的刀具,可以在一次装夹中通过自动换刀装置改变刀具,实现钻、铣、镗、扩、铰等多种加工功能,故数控编程更灵活。

【项目任务】

如图 4.48 所示的零件,毛坯尺寸为 72 mm×50 mm×38.5 mm,材料为 45 号钢材。下底面已加工,现分别用 φ40 的端面铣刀铣上表面,用 φ20 的立铣刀铣四侧面和 A、B 面,用

$\phi6$ 的钻头钻 6 个小孔，用 $\phi14$ 的钻头钻中间的两个大孔。

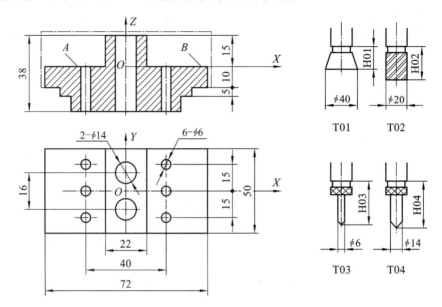

图 4.48　铣削中心加工零件图

【任务分析】

根据零件图及项目要求，该零件主要是由外形轮廓和孔系组成，一次装夹定位完成上述加工，应选用数控加工中心完成该零件的加工。

任务一　数控加工中心编程基础

1. 数控加工中心编程特点

在加工中心上加工零件的特点是：被加工零件经过一次装夹后，数控系统能控制机床按不同的工序自动选择和更换刀具；自动改变机床主轴转速、进给量和刀具相对工件的运动轨迹及其他辅助功能，连续地对工件各加工面自动地进行钻孔、铰孔、镗孔、攻螺纹、铣削等多工序加工。由于加工中心能集中地、自动地完成多种工序，避免了人为的操作误差，减少了工件装夹、测量和机床的调整时间及工件周转、搬运和存放时间，大大提高了加工效率和加工精度，所以具有良好的经济效益。

加工中心编程具有以下特点。

（1）首先应进行合理的工艺分析。由于零件加工的工序多，使用的刀具种类多，甚至在一次装夹下，要完成粗加工、半精加工与精加工。周密合理地安排各加工工序的顺序，有利于提高加工精度和生产效率。

（2）根据加工批量等情况，决定采用自动换刀还是手工换刀。一般来说，对于加工批量在 10 件以上，而刀具更换又比较频繁时，以采用自动换刀为宜。但当加工批量很小而使用的刀具种类又不多时，把自动换刀安排到程序中，反而会增加机床的调整时间。

（3）自动换刀要留出足够的换刀空间。有些刀具直径较大或尺寸较长，自动换刀时要注意避免发生撞刀事故。

（4）为提高机床利用率，尽量采用刀具机外预调，并将测量尺寸填写到刀具卡片中，以便于操作者在运行程序前，及时修改刀具补偿参数。

（5）尽量把不同工序内容的程序，分别安排到不同的子程序中。当零件加工工序较多时，为了便于程序的调试，一般将各工序内容分别安排到不同的子程序中。主程序主要完成换刀及子程序的调用。这种安排便于按每一工序独立地调试程序，也便于因加工顺序不合理而重新做出调整。

（6）一般应使一把刀具尽可能担任较多的表面加工任务，且进给路线应设计得合理。此外还应在编程中充分利用固定循环等指令，简化缩短程序。

2. 加工中心编程的坐标方式

尺寸单位由 G20、G21 设定。G20 表示以英寸为单位编程，G21 表示以毫米为单位编程。两者都是模态代码，互相取代，系统通电后 G21 自动生效。

绝对坐标编程和增量坐标编程仍然由 G90、G91 设定，系统通电后 G90 自动生效。

3. 加工中心坐标系统

数控加工中心工件坐标系的建立与数控铣床类似。前面已经介绍过 G92，G54～G59 为建立零件坐标系指令。机床一旦开机回零，监视屏即显示主轴上刀具卡盘端面中心在机床坐标系中的即时位置，而程序员是按零件坐标系编写加工程序的，故需要 G92 或 G54～G59 指令建立工件坐标系与机床坐标系偏置位置关系。

任务二　数控加工中心常用指令

前面介绍的准备功能指令（G 指令）和辅助功能指令（M 指令）在加工中心编程中依然有效。由于加工中心结构的特点，在加工中心中刀具功能指令和孔加工固定循环指令使用频繁。

1. 刀具相关功能指令

1）刀具功能指令

刀具的选择是把刀库上指定了刀号的刀具转到换刀位置，为下次换刀做好准备。这一动作的实现是通过 T 功能指令来实现的。

指令格式：T_ _；

其中"_ _" 表示刀具号。

2）换刀功能指令

T_ _为选刀指令，一般为 T00～T99。刀具交换是指刀库上正位于换刀位置的刀具与主轴上的刀具进行自动换刀。这一动作的实现是通过换刀指令 M06 来实现的。编程时可以使用以下两种换刀方法。

（1）G28 Z_M06 T_ _；

执行本程序段时，首先执行 G28 指令，刀具沿 Z 轴自动返回参考点，然后执行主轴准停及换刀的动作。为避免执行 T 功能指令时占用加工时间，与 M06 写在一个程序段中的 T 指令是在换刀完成后再执行，在执行 T 功能指令的同时机床继续执行后面的程序，即执行 T

功能的辅助时间与机加工时间重合。该程序段执行后,本次所交换的为前段换刀指令执行后转至换刀刀位的刀具,而本段指定的 T__号刀在下一次刀具交换时使用。

(2) G28 Z_T__M06;

采用这种编程方式时,在 Z 轴返回参考点的同时,刀库也开始转位,然后进行刀具交换,换到主轴上的刀具为 T__。若刀具返回 Z 轴参考点的时间小于 T 功能的执行时间,则要等刀库中相应的刀具转到换刀刀位以后才能执行 M06。因此,这种方法占用机动时间较长。

3)刀具半径补偿指令

在加工中心加工过程中由于刀具的磨损、实际刀具尺寸与编程时规定的刀具尺寸不一致以及更换刀具等原因,都会直接影响最终加工尺寸,造成误差。为了最大限度地减少因刀具尺寸变化等原因造成的加工误差,数控系统通常都具备刀具误差补偿功能。

刀具半径补偿指令和前面介绍的应用方法一样。

4)刀具长度补偿指令

刀具中心运行时要经常变换刀具,而每把刀具的长度是不可能完全相同的,所以在程序运行前,要事先测出所有刀具在装卡后刀尖至 Z 轴机械原点校准面的距离,即装卡高度,并分别存入相应的刀具长度补偿地址 H__中,程序中,在更换刀具时,只需使用刀具长度补偿指令并给出刀具长度的补偿地址代码即可。长度补偿指令有 3 个:G43、G44、G49。

G43 是刀具长度正补偿指令,即把刀具向上抬;G44 是刀具长度负补偿指令,即把刀具向下降;G49 是取消刀具补偿指令(在更换刀具前应取消刀具长度补偿状况)。指令格式:

G43/G44 G00/G01 Z_H__;

G49 G00/G01 Z_;

其中:执行 G43 时,Z 实际值＝Z 指令值＋(H××);执行 G44 时,Z 实际值＝Z 指令值－(H××);G43、G44、G49 均为模态指令,可相互注销。如图 4.49 所示。

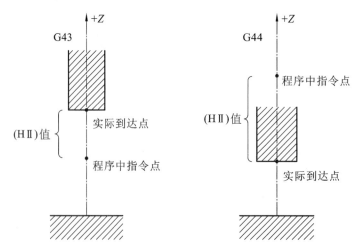

图 4.49 G43/G44 指令

【例 4-20】 如图 4.50 所示,用长度补偿指令编程。

  设(H02)＝200 mm 时

N1 G92 X0 Y0 Z0;	设定当前点 O 为程序零点
N2 G90 G44 G00 Z10 H02;	指定点 A,实到点 B
N3 G01 Z－20;	实到点 C
N4 Z10;	实际返回点 B
N5 G00 G49 Z0;	实际返回点 O

  注意:使用 G43、G44 相当于平移了 Z 轴原点,即将坐标原点 O 平移到了 O' 点处,后续程序中的 Z 坐标均相对于 O' 进行计算。使用 G49 时则又将 Z 轴原点平移回到了 O 点。

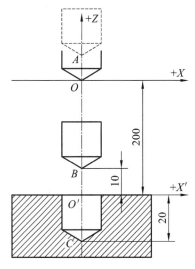

图 4.50 用 G43/G44 编程

2. 孔加工固定循环指令

1) 固定循环的基本动作

  孔加工(包括钻孔、镗孔、攻丝或螺旋槽等)是数控铣床和数控加工中心上常见的加工任务,下面介绍 FANUC 系统中,孔加工的固定循环功能指令。

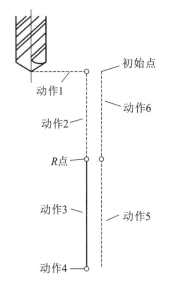

图 4.51 孔加工固定循环基本动作

  孔加工固定循环过程包括一组基本动作,如图 4.51 所示。

  (1) X、Y 轴快速定位到孔中心位置(安全高度)。

  (2) Z 轴快速运行到靠近孔上方的参考平面 R 点(参考点)。

  (3) 孔加工(工作进给)。

  (4) 在孔底做需要的动作。

  (5) 返回到 R 点。

  (6) 返回到初始点。

  以下介绍几个与孔加工循环相关的平面。

  (1) 初始平面:初始点所在的与 Z 轴垂直的平面称为初始平面。初始平面是为安全下刀而规定的一个平面。初始平面到零件表面的距离可以任意设定在一个安全的高度上。当使用同一把刀具加工若干个孔时,只有孔间存在障碍需要跳跃或全部孔加工完成时,才使用 G98 功能指令使刀具返回到初始平面上的初始点。

  (2) R 点平面: R 点平面又叫作 R 参考平面,这个平面是刀具下刀时自快进转为工进的高度平面,距工件表面的距离主要考虑工件表面尺寸的变化,一般可取 2～5 mm。使用 G99 功能指令时,刀具返回到该平面上的 R 点。

  (3) 孔底平面:加工盲孔时孔底平面就是孔底的 Z 轴高度,加工通孔时一般刀具还要伸出工件底平面一段距离,主要是保证全部孔深都加工到规定尺寸,钻削加工时还应考虑钻头钻尖对孔深的影响。孔加工循环与平面选择指令(G17、G18 或 G19)无关,即不管选择了哪个平面,孔加工都是在 XY 平面上定位并在 Z 轴方向上钻孔。

2)孔加工固定循环指令代码

孔加工固定循环指令格式:

  G90/G91 G98/G99 G×× X_Y_Z_R_Q_P_F_L_;

其中:

(1)G98 指令使刀具返回初始点 B 点,G99 指令使刀具返回 R 点平面,如图 4.52 所示。

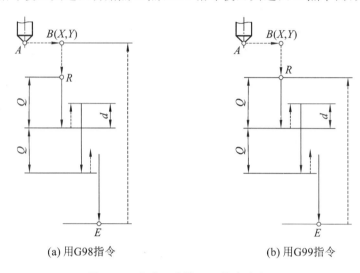

(a)用G98指令   (b)用G99指令

图 4.52　高速深孔钻 G73 指令动作图

(2)G×× 为各种孔加工循环方式指令,加工中心通常设计有一组指令作为空加工固定循环指令,每条指令针对一种工艺,使用时需参考所用机床的编程手册及代码指令表。

(3)X、Y 为孔位坐标,增量坐标方式时为孔底相对 R 点平面的增量值;Z 为孔底坐标,增量坐标方式时为孔底相对 R 点平面的增量值。

(4)R 为 R 点平面的 Z 坐标,增量坐标方式时为 R 点平面相对 B 点的增量值。

(5)Q 在 G73 或 G83 方式中,用来指定每次的加工深度,在 G76 或 G87 方式中规定孔底刀具偏移量(增量值)。

(6)P 用来指定刀具在孔底的暂停时间,以 ms 为单位,不使用小数点。

(7)F 用来指定孔加工切削进给时的进给速度。单位为 mm/min,这个指令是模态的,即使取消了固定循环在其后的加工中仍然有效。

(8)L 是孔加工重复的次数,L 指定的参数仅在被指令的程序段中才有效,忽略这个参数时就认为 $L=1$。

3)常见的孔加工固定循环指令

下面介绍几种孔加工固定循环指令。

(1)高速深孔往复排屑钻固定循环指令 G73。

指令格式:G98(G99)G73 X_Y_Z_R_Q_F_;

注意:如图 4.51 所示,该固定循环用于 Z 轴的间歇进给,有利于断屑,适用于深孔加工,减少退刀量,可以进行高效率的加工。每次切削深度为 Q,退刀量为 d(系统内部设定),末次进刀量≤Q,为剩余量。

(2) 攻左旋螺纹固定循环指令 G74。

指令格式:G98(G99)G74 X_Y_Z_R_F_;

攻左旋螺纹时主轴反转,到孔底时主轴正转,然后退回。

注意:如图 4.53 所示,攻螺纹过程要求主轴转速与进给速度成严格的比例关系,因此攻丝时速度倍率不起作用。使用进给保持时,在全部动作结束前也不停止。

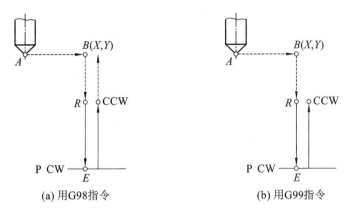

(a) 用G98指令   (b) 用G99指令

图 4.53 攻左旋螺纹循环指令 G73 动作图

CW—主轴正转;CCW—主轴反转;P—进给暂停

(3) 精镗孔固定循环指令 G76。

指令格式为:G76 X_Y_Z_R_Q_P_F_;

注意:如图 4.54 所示,精镗孔底后,有三个孔底动作:进给暂停(P)、主轴准停即定向停止(OSS)、刀具偏移 Q 距离(→),然后退刀,这样可使刀头不划伤精镗表面。

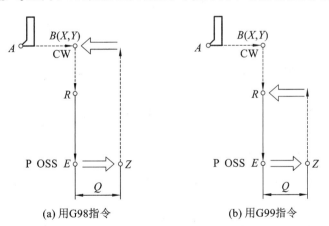

(a) 用G98指令   (b) 用G99指令

图 4.54 精镗循环 G76 指令动作图

P—进给暂停;OSS—主轴准停;→—刀具偏移;CW—主轴正转

(4) 钻孔固定循环指令 G81。

指令格式:G98(G99)G81X_Y_Z_R_F_;

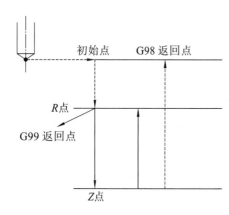

图 4.55　G81 固定循环指令

注意:如图 4.55 所示,刀具以进给速度向下运动钻孔,到达孔底位置后,快速退回(无孔底动作),用于一般定点钻。

(5) 钻孔固定循环指令 G82。

指令格式:G98(G99)G82 X_Y_Z_R_P_F_;

注意:与 G81 指令唯一的区别是有孔底暂停动作,暂停时间由 P 指定。执行该指令使孔的表面更光滑,孔底也很平整。常用于做沉头台阶孔。

(6) 攻右旋螺纹固定循环指令 G84。

指令格式为:G84 X_Y_Z_R_F_;

注意:如图 4.56 所示,从 R 点到 Z 点攻丝时刀具正向进给,主轴正转。到孔底部时,主轴反转,刀具以反向进给速度退出。进给速度 $F=$ 转速(r/min)×螺矩(mm),R 应选在距工件表面 7 mm 以上的地方。G84 指令中进给倍率不起作用,进给保持只能在返回动作结束后执行。

(7) 镗孔加工循环指令 G85、G86、G88、G89。

指令格式为:G85/G86 X_Y_Z_R_F_;

G88/G89X_Y_Z_R_P_F_;

注意:G85 指令在初始高度,刀具快速定位至孔中心 X_Y_,接着快速下降至安全平面 R_处,再以进给速度 F_镗至孔底 Z_,然后以进给速度退刀至安全平面,再快速抬至初始平面高度。

G86 指令参数与 G85 相同,不同的是,当镗至孔底后,主轴停转,快速返回安全平面(G99 时)或初始平面(G98 时)后,主轴重新启动。

G88 指令动作与 G86 类似,不同的是,刀具在镗至孔底后,暂停 P_秒,然后主轴停止转动,退刀是在手动方式下进行的。

G89 指令循环动作与 G85 类似,唯一的差别是在镗至孔底时暂停 P_秒。

(8) 撤销孔加工固定循环指令。

撤销孔加工固定循环指令为 G80,此外,G00、G01、G02、G03 也是撤销孔加工固定循环指令。

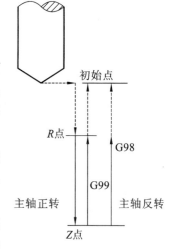

图 4.56　G84 指令动作图

【例 4-21】　如图 4.57 所示,试用重复钻孔循环指令编写加工程序。

```
O0010
N01  G90 G92 X0 Y0 Z100;
N02  G00 X-50 Y51.963 S800 M03;
N03  Z20 M08;
N04  G91 G81 G99 X20 Z-18 R-17 F60 L4;
```

N05　X10　Y−17.321；

N06　X−20　L4；

N07　X−10　Y−17.321；

N08　X20　L5；

N09　X10　Y−17.321；

N10　X−20　L6；

N11　X10　Y−17.321；

N12　X20　L5；

N13　X−10　Y−17.321；

N14　X−20　L4；

N15　X10　Y−17.321；

N16　X20　L3；

N17　G80　M09；

N18　G90　G00　Z100；

N19　X0　Y0　M05；

N20　M02；

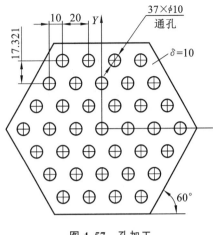

图 4.57　孔加工

当要加工很多相同的孔时,应认真研究孔分布的规律,尽量简化程序。本题中各孔按等间距线形分布,可以使用重复固定循环加工指令,即用地址 L 规定重复次数。采用这种方式编程在进入固定循环之前,刀具不能定位在第一个孔的位置,而要向前移动一个孔的位置。因为在执行固定循环时,刀具要先定位然后才执行钻孔的动作。

【项目实施】

1. 确定工件的装夹方式及加工工艺路线

根据毛坯形状,可采用虎钳装夹,下方辅以平行垫片。根据项目要求制定数控工艺卡如表 4.3 所示。

表 4.3　数控加工中心工艺工序卡

工件名称	立 方 体	数量/个	20	日 期	
工件材料	45 号钢	尺寸单位	mm	工 作 者	
工件规格				备 注	
		工艺要求					
工序	名称	工步	工步内容	刀具号	刀具类型	刀具直径 /mm	主轴转速 /(r·min⁻¹)	进给速度 /(mm·r⁻¹)
1	下料	72×50×38.5 立方体一块						
2	数控铣	1	铣上表面	T01	面铣刀	φ40	800	100
		2	铣侧面和 A、B 面	T02	立铣刀	φ20	500	80
		3	钻 φ6 小孔	T03	钻头	φ6	500	80
		4	钻 φ14 孔	T04	钻头	φ14	1000	80

2. 基点坐标计算

根据图 4.26 所示的对应位置建立工件坐标系,基点坐标易于得到,此处就不再重复。确定安全高度为 $Z=100$ 的位置,参考高度为 $Z=20$,在距离工件上表面 2 mm 处开始下刀。正式加工前,通过操作机床将刀具半径补偿值、长度补偿值输入到对应寄存器地址中,在刀库中对应的地址安装好刀具。

3. 数控程序

O1000	
G92 X0 Y0 Z100.0;	设定工件坐标系,设 T01 已经装好
G90 G00 G43 Z20.0 H01;	Z 向下刀到离毛坯上表面一定距离处
S800 M03;	启动主轴
G00 X60.0 Y15.0;	移刀到毛坯右侧外部
G01 Z15.0 F100;	工进下刀到欲加工上表面高度处
X－60.0;	加工到左侧(左右移动)
Y－15.0;	移到 $Y=-15$ 上
X60.0 T02;	往回加工到右侧,同时预先选刀 T02
G49 Z20.0 M19;	上表面加工完成,抬刀,主轴准停
G28 Z100.0;	返回参考点,自动换刀
G28 X0 Y0 M06;	
G29 X60.0 Y25.0 Z100.0;	从参考点回到铣四侧的起始位置
S500 M03;	启动主轴
G00 G43 Z－12.0 H02;	下刀到 $Z=-12$ 高度处
G01 G42 X36.0 D02 F80;	刀径补偿引入,铣四侧开始
X－36.0 T03;	铣后侧面,同时选刀 T03
Y－25.0;	铣左侧面
X36.0;	铣前侧面
Y30.0;	铣右侧面
G00G40Y40.0;	刀补取消,引出
Z0;	抬刀至 A、B 面高度
G01Y－40.0 F80	工进铣削 B 面开始(前后移动)
X21.0;	…
Y40.0;	…
X－21.0;	移到左侧
Y－40.0;	铣削 A 面开始
X－36.0;	…
Y40.0;	…
G49 Z20.0 M19;	A 面铣削完成,抬刀,主轴准停
G28 Z100.0;	Z 向返回参考点
G91 G28 X0 Y0 M06;	X、Y 向返回参考点。自动换刀

G90 G29X20.0Y30.0 Z100.0;	从参考点返回到右侧 3—φ6 孔处
G00 G43 Z2.0 H03 S630 M03	下刀到离 B 面 2 mm 处,启动主轴
G91 G81 G99 Y—15 Z—25 R0 F80 L3;	循环钻 3—φ6 孔
G90 G01 Z20;	抬刀至上表面的上方高度
X—20.0 Y30.0;	移到左侧 3—φ6 孔钻削起始处
Z2.0;	下刀至离 A 面 2 mm 处,启动主轴
G91 G81 G99 Y—15 Z—25 R0 F80 L3;	循环钻 3—φ6 孔
G90 G49 G01 Z20.0 F80 M19;	抬刀至上表面的上方高度
G28 Z100.0 T04;	Z 向返回参考点,同时选刀 T04
G91 G28 X0 Y0 M06;	X、Y 向返回参考点。自动换刀
G90 G29 X0 Y24.0 Z100.0;	从参考点返回到中间 2—φ14 孔起始处
G00 G43 Z20.0 H04;	下刀到离上表面 5 mm 处
S1000 M03;	启动主轴
G01 Z17 F80;	
G91 G81 G99 Y—16 Z—40 R0 F80 L2;	循环钻 2—φ14 孔
G90 G49 G01 Z20.0 F80 M19;	抬刀至上表面的上方高度
G28 Z100.0 T01;	返回参考点,主轴准停,同时选刀 T01
G91 G28 X0 Y0 M06;	X、Y 向返回参考点,自动换刀,为重复加工做准备
G90 G00 X0 Y0 Z100.0;	移到起始位置
M30;	程序结束

【习题思考】

4-1 数控加工编程的主要内容有哪些?

4-2 程序段格式有哪几种? 数控系统中常采用哪种形式?

4-3 何谓机床坐标系和工件坐标系? 其主要区别是什么?

4-4 简述 G00 与 G01 程序段的主要区别。

4-5 用 G92 程序段设置加工坐标系原点方法与 G54 有何不同?

4-6 在数控加工中,一般固定循环由哪 6 个顺序动作构成?

4-7 已知某零件的程序如下,零件厚度 5 mm,用 R5 的立铣刀精铣外轮廓。试回答:
(1)用实线画出零件轮廓,并标明各交点、切点坐标;(2)用虚线画出刀具中心轨迹;(3)用箭头和文字标明刀具运动方向;(4)用箭头和文字标明刀具偏移方向、距离,并在对应的横线上写出程序的含义;(5)在图 4.58 中画出零件图及相应的运动方向。

O0001

N001 G90X-20Y0Z100; _____

N002 G00Z10S1000M03;

N003 G43Z-5H01; _____

N004 G17;

N005 G41G01X0Y0D03F100; _____

N006　　　Y20.0；

N007　X10；

N008 G03X25Y35I0J15F50；

N009 G02X75I25J0；

N010 G03X90Y20R15；

N011 G01Y0；

N012　　　X0；

N013 G01G40 G01X-20Y0；　＿＿＿＿＿＿＿＿＿＿＿＿

N014 G00Z100；

N015 M05；

N016 M30；　＿＿＿＿＿＿＿＿＿＿＿＿

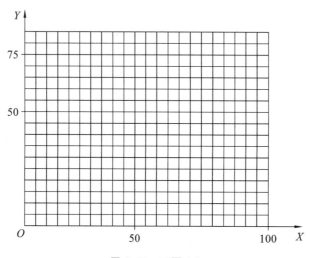

图 4.58　习题 4-7

4-8　试编写如图 4.59 所示零件的数控程序,毛坯尺寸 ϕ86 mm×291 mm,材料为钢材。

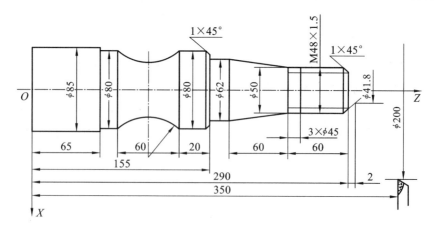

图 4.59　轴类零件

4-9 试编写如图 4.60 所示零件的数控程序,毛坯尺寸为 84 mm×84 mm×22 mm,材料为 45 号钢,同时对该零件的顶面和内外轮廓进行数控铣削加工工艺分析。

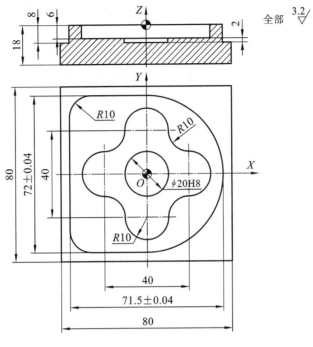

图 4.60 习题 4-9

模块五 数控自动编程

项目一 二维图形的创建与编辑

【教学提示】

数控自动编程是利用计算机专用软件编制数控加工程序的过程,本模块主要介绍数控自动编程软件 MasterCAM 的使用方法和步骤。

本项目主要介绍 MasterCAM 工作界面和基本操作,以及二维图形建立的常用命令。

【项目任务】

绘制如图 5.1 所示的盖板零件二维图形,并将其保存在"D:/MasterCAM 项目一"文件夹中,文件名为"5-1.mcx"。

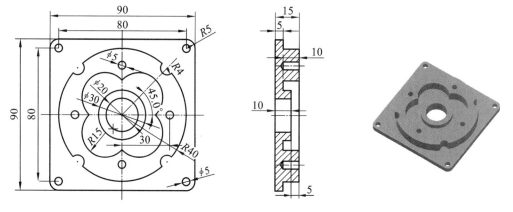

图 5.1 盖板零件图

【任务分析】

本项目图形中包括直线、圆弧的绘制,图形的特点呈对称分布,为了提高作图效率,可采用矩形绘制直线部分,绘制圆弧的一部分,然后采用旋转阵列的方式来完成其他部分的绘制。

任务一 熟悉 MasterCAM X4 工作界面及基本操作

1. 认识 MasterCAM X4

双击桌面 MasterCAM X4 图标,打开软件界面,如图 5.2 所示;或通过"开始"→"程序"→"MasterCAM X4"的方式启动软件,进入操作界面。

1)标题栏

标题栏位于界面最上方,显示当前软件的名称、版本号和应用模块。

2）菜单栏

菜单栏位于标题栏下方，几乎集中了所有的 MasterCAM X4 命令，主要包含文件、编辑、视图、分析、绘图、实体、转换、机床类型、刀道具路径、屏幕、浮雕、设置和帮助等菜单。

3）工具栏

工具栏是为了提高绘图效率而设定的命令按钮集合，常用的工具命令如图 5.3 所示。如果某些工具栏没有显示，可通过选择菜单栏"设置"→"用户自定义"命令，利用弹出"自定义"对话框来增加或减少工具栏中的按钮命令，如图 5.4 所示。

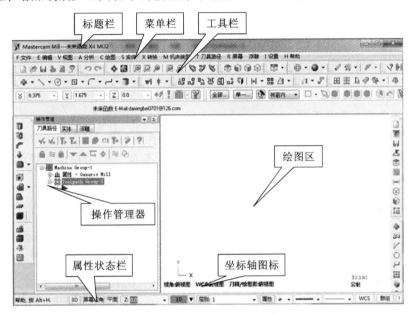

图 5.2 MasterCAM X4 工作界面

图 5.3 常用工具栏

图 5.4 "自定义"对话框

4）操作管理器

该区域包括"刀具路径管理器""实体管理"和"浮雕"3 个选项卡,分别用于刀具路径、实体和浮雕创建过程中的各种信息的显示与操作。

5）绘图区

绘图区是创建图形的区域。

6）属性状态栏

在操作管理器下方是属性状态栏,可动态显示上下文相关的帮助信息,当前所设置的颜色、点类型、线型、线宽、图层和 Z 深度等内容。

7）坐标轴图标

该图标显示当前坐标轴状态。

2. 基本操作

1）绘图区背景颜色设置

绘图区背景颜色默认为"蓝色",设置绘图区颜色操作步骤如下:选择菜单栏中"设置"→"系统配置"命令,将会出现如图 5.5 所示对话框,选择"颜色"→"工作区背景颜色",选择合适的颜色。

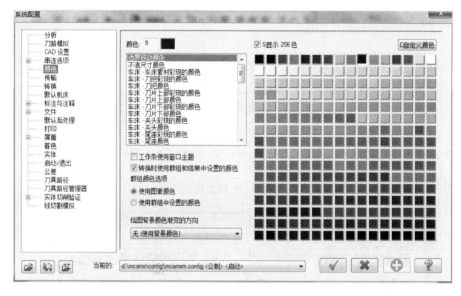

图 5.5 "系统配置"对话框

2）工作图层设置

为了方便对图层进行管理,系统设置了 255 个图层,通过关闭或打开某些图层,可以让这些图层中的因素显示或隐藏,如图 5.6 所示。

3）绘图颜色设置

为了方便对图素进行管理,可以对绘图颜色进行设置。操作步骤如下:单击绘图区下方状态栏中"系统颜色"按钮,会弹出如图 5.7 所示的对话框。

4）线型、线宽设置

设置线型、线宽的操作步骤如下:单击绘图区下方状态栏中"属性"按钮,将会出现如图

5.8 所示的对话框。

5）公制和英制单位设置

用户可根据需要设置公制和英制的相互转换,其操作步骤如下:在菜单栏中选择"设置"→"系统配置"命令,弹出如图 5.9 所示对话框。

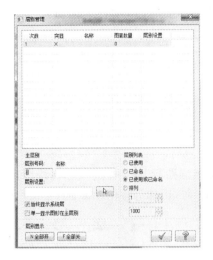

图 5.6 "层别管理"对话框

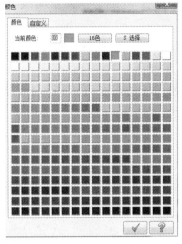

图 5.7 "颜色"对话框

图 5.8 线型、线宽设置

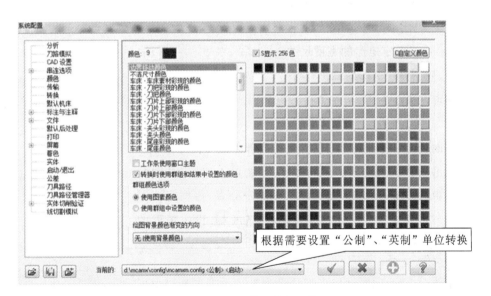

根据需要设置"公制"、"英制"单位转换

图 5.9 公制、英制单位设置

任务二 掌握二维图形绘制:绘制简单轮廓

1. 直线命令

单击菜单栏"绘图"→"直线"选项或单击绘图工具栏中的"绘制任意线"图标右侧的下拉箭头,会显示"直线"菜单,如图 5.10 所示,MasterCAM X4 可采用 6 种方法绘制直线。

（1）绘制任意线:此方式用于绘制任意两点、水平、垂直、连续线、切线和极坐标线。

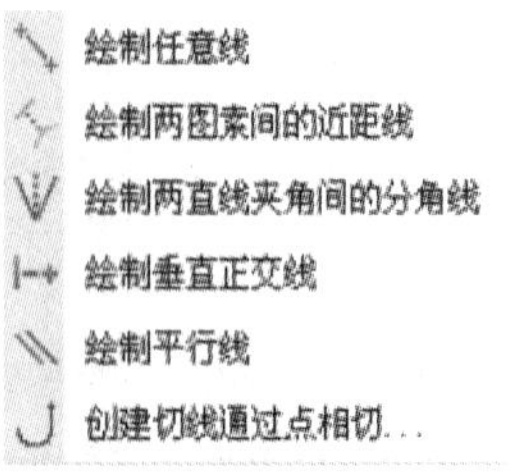

图 5.10　直线绘制命令

（2）绘制两图素间的近距线：此方式用于绘制一条与所选的多个图素之间距离最短的线段。

（3）绘制两直线夹角间的分角线：此方式用于在两条直线之间创建角平分线。

（4）绘制垂直正交线：此方式用于绘制与已知直线垂直的直线。

（5）绘制平行线：此方式用于绘制通过一点与某一直线平行的直线。

（6）创建切线通过点相切…：此方式用于绘制通过一点与某一圆弧相切的线。

2. 矩形命令

1）矩形的绘制方法

选择菜单栏中"绘图"→"矩形"命令，或单击工具栏中矩形图标 。通过鼠标在绘图区单击，确定矩形的两个对角点就可以创建出矩形，如图 5.11 所示，部分按钮功能如下。

图 5.11　"矩形"状态栏

编辑第 1 点 ：用于编辑矩形的基准点位置。

编辑第 2 点 ：用于编辑矩形的一对角点位置。

宽度 ：用于设定矩形的宽度尺寸。

高度 ：用于设定矩形的高度尺寸。

设置基准点为中心 ：用于定位矩形的中心点作为矩形的第一个确定点。

创建曲面 ：在创建矩形的同时在其内部生成一曲面。

鼠标单击的第一个点是矩形的基准点，若单击图标 ，则基准点切换为矩形的中心点，即先确定矩形的中心点，再确定矩形的一对角点即可完成创建。通过宽度 和高度 ，设定矩形的宽度尺寸和高度尺寸。

2）矩形形状设置

选择菜单栏中"绘图"→"矩形形状设置"，或单击工具栏中矩形形状设定图标 。弹出如图 5.12 所示的"矩形选项"对话框。

一点：使用一点（矩形特定点）的方式指定矩形位置。

两点：使用指定两点的方式创建矩形形状。

 ：用于设定矩形的宽度尺寸。

 ：用于设定矩形的高度尺寸。

 ：设定转角处的半径尺寸。

 ：设定矩形的旋转角度数值。

图 5.12　"矩形选项"对话框

形状：用于创建长方形、半圆形、半径形和圆弧形。

固定的位置：用于设置基准点相对于创建时所定义的矩形框的位置。

曲面：用于创建矩形图形的同时创建曲面。

中心点：用于创建矩形图形的中心点。

3. 多边形命令

选择菜单栏中"绘图"→"画多边形"，或单击工具栏中多边形设定图标⬠。弹出如图 5.13 所示的"多边形选项"对话框。

◑：用于设置多边形基准点位置。

⌗：用于设置多边形边数值。

◎：用于设置锁定和解除锁定多边形的内切或外接圆的半径值。当此按钮处于按下状态时，该按钮后的文本框被锁定，即多边形的内切或外接圆的半径不会随鼠标的移动而改变。

内接圆：用于设置使用多边形的内接圆限制多边形尺寸。

外切：用于设置使用多边形的外切圆限制多边形尺寸。

⌐：用于定义转角处的半径值。

↻：用于定义矩形形状的旋转角度值。

曲面：用于创建多边形的同时创建曲面。

中心点：用于创建多边形的中心点。

4. 画椭圆

选择菜单栏中"绘图"→"画椭圆"，或单击工具栏中椭圆设定图标⬭，弹出如图 5.14 所示的"椭圆曲面"对话框。

图 5.13 "多边形选项"对话框

图 5.14 "椭圆曲面"对话框

:用于设置椭圆形基准点位置。

:用于设定椭圆形的长轴。

:用于设定椭圆形的短轴。

:用于定义椭圆的起始角度。

:用于定义椭圆的终止角度。

曲面:用于创建椭圆形的同时创建曲面。

中心点:用于创建椭圆形的中心点。

5. 倒角命令

选择菜单栏中"绘图"→"倒角"或"串连倒角",或单击工具栏中倒角图标，弹出如图 5.15 所示的倒角设置选项卡。

图 5.15 "倒角"设置选项卡

:用于定义倒角的第一个距离值。

:用于定义倒角的第二个距离值。

:用于定义倒角的角度值。

单一距离 :用于定义倒角的类型,包含以下 4 种类型:

单一距离 :设置使用一个距离定义倒角形状。

不同距离 :设置使用两个距离定义倒角形状。

距离/角度 :设置使用一个距离和一个角度定义倒角的形状。

宽度 :设置使用倒角的直线长度定义倒角形状。

:用于设置修剪与倒角相邻的元素。

:用于设置不修剪与倒角相邻的元素。

任务三　掌握二维图形绘制:绘制圆弧

1. 绘制圆弧

圆弧命令如图 5.16 所示。

圆心+点:通过确定圆心和一个圆的通过点创建圆弧。

极坐标圆弧:通过确定圆心、圆弧的起始角和终止角来创建极坐标圆弧。

三点画圆:通过指定不在同一直线上的三个点来创建圆弧。

两点画弧:通过圆弧的两个端点和半径绘制圆弧。

极坐标画弧:通过确定半径和一个圆的通过点创建极坐标圆弧。

切弧:绘制与已知对象相切的圆弧。

图 5.16 圆弧命令

2. 倒圆角

选择菜单栏中"绘图"→"倒圆角"或"串连倒圆角"命令,或单击工具栏中倒圆角图标 。输入圆角半径确定倒圆角大小,选择修剪 或不修剪 来确定是否保留顶角。

任务四 掌握二维图形绘制:编辑与转换命令

1. 删除

选择菜单栏中"编辑"→"删除"命令或单击工具栏中 图标,选择要删除的图素。

图 5.17 图形修剪及延伸命令

I 修剪/打断/延伸
M 多物修整
E 两点打断
I 在交点处打断
P 打成若干段
D 依指定长度
C 打断全圆
A 恢复全圆

2. 图形修剪及延伸

图形修剪及延伸命令如图 5.17 所示。

修剪/打断/延伸:此方式用于对图素进行修剪或者打断的编辑操作,或者沿着某一个图素的法线方向进行延伸。

多物修整:此方式用于同时对多个图素进行修剪操作。

两点打断:此方式用于在指定图素上的任意位置打断该图素,使其变成两个图素。

在交点处打断:此方式用于将选取因素在它们的相交处打断。

打成若干段:此方式用于将选取的因素打断成多段。

依指定长度:此方式用于将尺寸标注、图案填充所生成的复合图素断开。

打断全圆:此方式用于将选定的圆进行等分处理。

恢复全圆:此方式用于将选定的圆弧补成全圆。

3. 旋转图形

选择菜单栏中"转换"→"旋转"命令或单击工具栏中 图标,屏幕上显示 旋转:选取图素去旋转 ,选取要旋转的图素,选取后按 Enter 键,显示如图 5.18 所示对话框。

:用于选择要旋转的图素。

移动:图形旋转后,原图形消失,仅显示旋转后的图形。

复制:图形旋转后,原图形和旋转后的图形同时显示。

连接:图形不仅复制,而且相对应的端点用圆弧连接起来。

:用于选取旋转中心点。

0.0 :用于定义旋转的角度值。

:用于调整旋转的方向,其有 3 个状态。

4. 镜像图形

选择菜单栏中"转换"→"镜像"命令或单击工具栏中 图标,

图 5.18 "旋转"对话框

屏幕上显示 镜像:选取图素去镜像 ,选取要镜像的图素,选取后按 Enter 键,显示如图 5.19 所示对话框。

○ ⊞ Y 0.0 :用于设置关于 X 轴镜像,文本框中的距离是指在 Y 轴方向上的距离。

○ ⊞ X 0.0 :用于设置关于 Y 轴镜像,文本框中的距离是指在 X 轴方向上的距离。

○ ◿ A 45.0 :用于设置指定的因素关于定义的对称轴对称,此对称抽是通过与极轴之间的夹角来定义的,文本框中的数值用来设置对称轴与极轴之间的夹角值。

○ ↔ :用于定义对称轴。

○ ⋯ :用于以两点的方式定义对称轴。

5. 缩放图形

选择菜单栏中"转换"→"比例缩放"命令,屏幕上显示 比例:选取图素去缩放 ,选取要缩放的图素,选取后按 Enter 键,显示如图 5.20 所示对话框。

图 5.19 "镜像"对话框

图 5.20 "比例"对话框

次数 1 :用于定义缩放的次数值。

⊕ :用于选取缩放的中心点。单击此按钮,系统会返回至绘图区,此时需要用户选取缩放的中心点。

等比例:用于设置 X 轴、Y 轴、Z 轴三个方向上按相同比例的方式进行缩放。

XYZ:用于设置在 X 轴、Y 轴、Z 轴三个方向上按不同比例的方式进行缩放。

比例因子:用于设置使用比例因子的方式控制缩放。

百分比:用于设置使用百分比的方式控制缩放。

 :用于定义缩放值。

【项目实施】绘制如图5.1所示零件的主视图

1. 绘制主视图

绘制如图 5.21 所示盖板零件图的主视图所示部分。

2. 绘制步骤

(1) 在层别管理器中设置两个图层,分别为"1 中心线"和"2 粗实线"。

(2) 选择图层 1,线型为点画线,线宽为细线。选择"直线"绘制工具,鼠标点选原点,向左绘制水平线,长度设置成 50,向右绘制水平线,长度设置成 50;向上绘制竖直线,长度设置成 50,向下绘制竖直线,长度设置成 50。继续点选原点,长度设置为 80,角度设置为 45°,绘制 45°角射线。

(3) 选择图层 2,线型为实线,线宽为粗线。选择"矩形形状设置"工具,长宽设置为 90,圆角半径设置为 5,固定位置选择中心点,选取原点为基准点位置,点确定按钮,如图 5.22 所示。

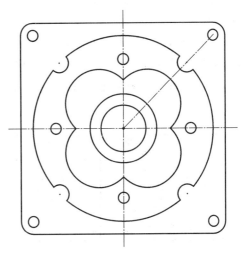

图 5.21 盖板零件主视图

(4) 选择"圆心+点"工具绘制直径为 5 的圆。直径设置为 5,圆心坐标输入(40,40,0),点确定按钮。

(5) 选择(4)绘制好的圆,在"转换"菜单栏中选择"旋转"工具,设置复制、旋转次数为 3、旋转中心为原点、间隔 90°,点确定按钮,如图 5.23 所示。

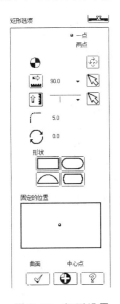

图 5.22 矩形设置

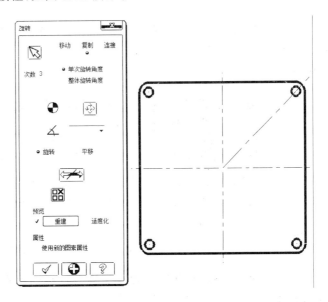

图 5.23 "旋转"设置

（6）选择"圆心＋点"工具，以原点为圆心，绘制直径为20、30，半径为40的圆。

（7）选择"圆心＋点"工具，以点(30,0)为圆心，绘制直径为5的圆。

（8）选择(7)绘制好的圆，在"转换"菜单栏中选择"旋转"工具，设置复制、旋转次数为3、旋转中心为原点、间隔90°，点确定按钮。

（9）选择"圆心＋点"工具，设置半径为4，鼠标点选45°射线和R40的圆的交点为圆心，点确定按钮，如图5.24(a)所示。

（10）选择 "修剪/延伸/打断"工具中 "分割删除"工具，删除多余的弧段，如图5.24(b)所示。

（11）选择(10)所剩的弧段，在"转换"菜单栏中选择"旋转"工具，设置复制、旋转次数为3、旋转中心为原点、间隔90°，点确定按钮，如图5.24(c)所示。

（12）选择 "修剪/延伸/打断"工具中 "分割删除"工具，删除多余的弧段，如图5.24(d)所示。

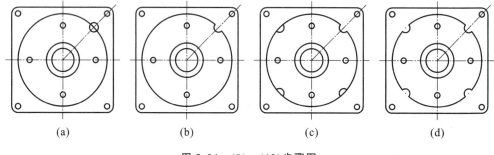

图 5.24　（9）～（12）步骤图

（13）选择"圆心＋点"工具，设置半径为15，鼠标点选45°射线和 ϕ 30 的圆的交点为圆心，点确定按钮，如图5.25(a)所示。

（14）选择 "修剪/延伸/打断"工具中 "分割删除"工具，删除多余的弧段，如图5.25(b)所示。

（15）选择(14)绘制的圆弧，在"转换"菜单栏中选择"旋转"工具，设置复制、旋转次数为3、旋转中心为原点、间隔90°，点确定按钮，如图5.25(c)所示。右键弹出快捷菜单，选择清除颜色。

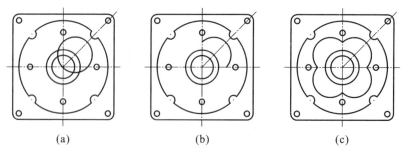

图 5.25　（13）～（15）步骤图

（16）选择菜单栏"文件"→"保存文件"，选择保存在"D：/MasterCAM 项目一"文件夹中，文件命名为"5-1.mcx"。

◀ 项目二 三维实体造型 ▶

【教学提示】

本项目主要介绍 MasterCAM 三维实体造型创建命令的使用方法。

【项目任务】

绘制如图 5.26 所示的底板零件的实体模型,并将其保存在"D:/MasterCAM 项目二"文件夹中,文件名为"5-26.mcx"。

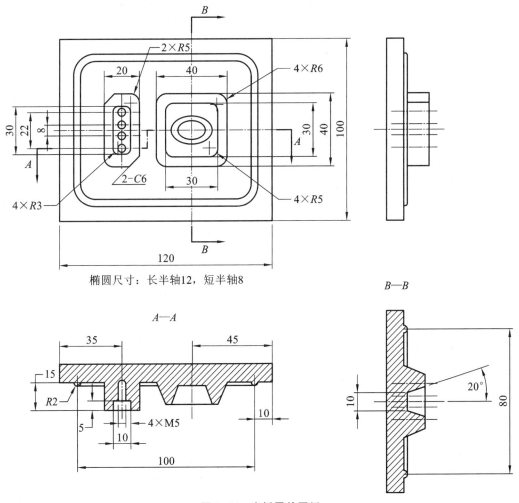

图 5.26　底板零件图纸

【任务分析】

本项目完成后如图 5.26 实体模型所示,要求按照合理的建模顺序,选择相应的建模命令完成此实体模型,重点考查实体建模思路和运用各种实体命令建模的过程。通过分析该零件模型建模需要应用挤出实体、旋转实体、实体倒角、举升实体、牵引实体、扫描实体等命令。

任务一 三维建模基础知识

1. 认识屏幕视角

屏幕视角:观察图形的角度——主要有前视图和等角视图等,如图 5.27 所示,用户可以在工具栏中 📦 📦 📦 📦 图标中选择不同的视角方向观察视图。

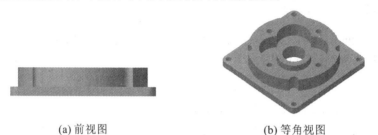

(a) 前视图   (b) 等角视图

图 5.27 屏幕视角

除了工具栏中的快捷图标之外,还可以单击状态栏中"屏幕视角"按钮,显示视图菜单,如图 5.28 所示。通过选择该菜单中不同的命令,可以从相应的角度和方向显示绘图区中的图形。

需要注意视角转换并不对绘图区中绘制的图形产生影响,而仅仅只改变观察绘图区图形的角度和方向。

2. 认识构图平面和构图深度

构图平面:绘制图形的平面——主要有俯视图、前视图和等角视图等,用户可以在工具栏中 📦 图标下选择不同的构图平面来绘制图形。或者选择状态栏中"平面"按钮弹出绘图平面菜单,如图 5.29 所示。

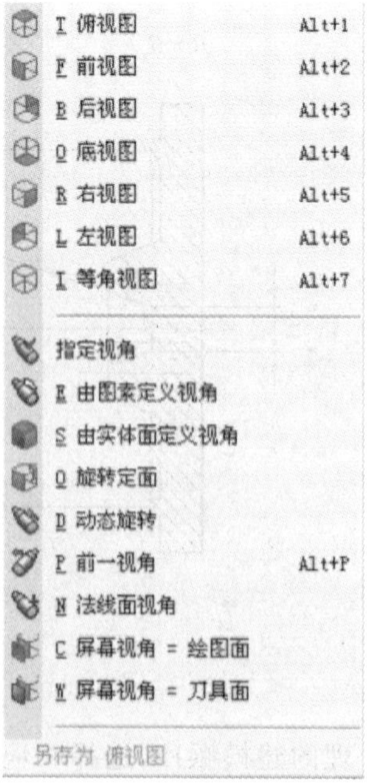

图 5.28 视图菜单

图 5.29 构图平面菜单

一旦选择好构图平面后,则只能在该构图面上绘制图形,当需要在空间中具体坐标位置绘制图形时,必须通过工作深度和构图平面一起确定图形绘制位置。构图平面与工作深度的关系如图 5.30 所示。如果设定构图平面为俯视图,输入不同的工作深度,则所绘制的图形在经过坐标系原点与相应构图平面平行的平面上,该平面与坐标系原点之间的距离即工作深度。

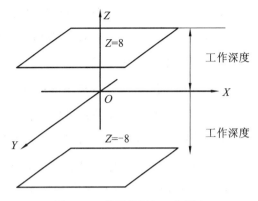

图 5.30 构图平面与工作深度

有三种方法设置工作深度:第一种方法是单击状态栏中的"Z"按钮,弹出"自动抓取"工具栏,然后在 Z 文本框中输入需要设置的数值;第二种方法是在状态栏"Z"按钮后文本框中,直接输入设置的数值;第三种方法是弹出"自动抓取"工具栏后能捕捉绘图区已存在的图素设置工作深度。

3. 认识工作坐标系(WCS)

MasterCAM 的作图环境有两种坐标系:系统坐标系和工作坐标系。系统坐标系是固定不变的坐标系,遵守右手法则。工作坐标系是用户在设置构图平面时建立的坐标系,又称为用户坐标系。

在工作坐标系中,不管构图平面如何设置,总是 X 轴正方向朝右,Y 轴正方向朝上,Z 轴正方向垂直屏幕朝向用户。MasterCAM 界面左下角的三脚架是系统坐标系,而不是工作坐标系。

任务二 掌握挤出实体

图 5.31 "串连选项"对话框

挤出实体是指将事先创建好的封闭二维图形,按照指定的方向挤出指定的尺寸所形成的实体。挤出实体是最常用的一种三维模型创建方法。

1. 挤出实体"串连选项"对话框

菜单栏中"S 实体"→"X 挤出实体",或单击左侧工具栏中挤出实体设定图标 ⬆,弹出"串连选项"对话框,如图 5.31 所示。

⊞:用于选择线架中的边链,模型中没有出现线架,此按钮不可用。

▨:用于选择实体的边链。

2D:用于选择平行于当前平面中的链。

3D:用于同时选择 X、Y 和 Z 方向的链。

⊚⊚⊚:用于直接选取与定义链相连的链,遇到分歧点时选择结束。

✚:用于设置从起始点到终点的快速移动。

▭:用于选取定义矩形框内的图素。

▭:用于通过单击一点的方式选取封闭区域中的所有因素。

◿:用于选取单独的链。

◿:用于选取多边形区域内的所有链。

➡:用于选取与定义的折线相交叉的所有链。

∞:用于选取第一条链与第二条链之间的所有链。

| 内 ▾ |:下拉列表,此下拉列表包含以下 5 种状态。

内选项:用于选取定义区域内的所有链。

相交选项:用于选取与定义区域相交的所有链。

外＋相交选项:用于选取定义 R 域外以及与定义 R6A 相交的所有链。

外选项:用于选取定义区域外的所有链。

⌂:用于恢复至上一次选取的链。

⊕:用于结束链的选取。

⊘:用于取消上一次选取的链。

|↔|:用于改变偏移方向。

⌐⌐:用于改变链的方向。

2. "实体挤出的设置"对话框

"实体挤出的设置"对话框"挤出"设置如图 5.32 所示,各选项具体含义如下:

创建主体:用于设置创建新的挤出实体。

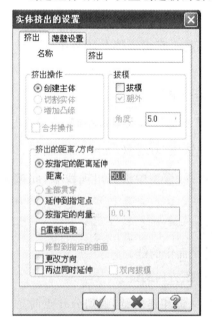

图 5.32　"实体挤出的设置"对话框

切割实体:用于设置创建切除的拼出特征,创建第一个实体时不可用。

增加凸缘:用于在现有实体的基础上创建挤出特征,创建的实体与原实体结合成为一个实体。

拔模:用于设置创建拔模角。

朝外:用于设置拔模方向相对于挤出轮廓为朝外,不设置则朝内。

角度 5.0:用于定义拔模角度。

按指定的距离延伸距离:用于设置按照指定挤出距离进行挤出,文本框中数据数值用于设置距离。

全部贯穿:用于定义创建的挤出特征完全贯穿所选择的实体。

延伸到指定点:用于根据指定点的位置来确定挤出的长度。

指定的向量:用于根据定义的向量来确定挤出的距离和方向。

修剪到指定的曲面:用于设置将挤出体挤出到选定的曲面并进行修剪。

更改方向:用于设置更改挤出方向。

两边同时延伸:用于设置以挤出轮廓为中心向两边同时挤出。

3. 挤出实体"薄壁设置"参数设置

"薄壁设置"选项卡如图 5.33 所示,各选项含义如下所示。

薄壁设置:用于设置创建薄壁实体。

厚度朝内:用于设置薄壁实体的厚度方向相对于挤出轮廓向内。

图 5.33 "薄壁设置"对话框

厚度朝外:用于设置薄壁实体的厚度方向相对于挤出轮廓向外。

双向:用于设置薄壁实体的厚度方向相对于挤出轮廓向两侧。

朝内的厚度:用于定义薄壁朝内的厚度值。

朝外的厚度:用于定义薄壁朝外的厚度值。

开放轮廓的两端同时产生拔模角:用于设置开放轮廓的两端同时产生拔模角。

任务三 掌握旋转实体

旋转实体命令是将一个封闭的二维图形,绕指定的轴线进行旋转所形成的实体。该功能既可创建主体、切割主体,也可增加凸缘。相同的封闭的二维图形指定不同的旋转轴所得到的实体是不一样的。

菜单栏中"S 实体"→"R 实体旋转",或单击左侧工具栏中挤出实体设定图标 ,弹出"串连选项"对话框,选择方式同"挤出实体"的"串连选项"。

1. 旋转实体"旋转"参数设置

选择封闭二维图形结束后,消息区弹出"选择一直线作为旋转轴",选择旋转轴,弹出旋转实体参数设置对话框,如图 5.34 所示。

图 5.34 "旋转实体参数设置"对话框

起始角度:产生旋转实体的起始位置角度。

终止角度:产生旋转实体的终点位置角度。

换向:改变旋转实体的旋转方向。

2. 旋转实体"薄壁设置"参数设置

在"旋转实体的设置"对话框中选择"薄壁设置"选项卡,将出现"薄壁设置"选项卡的面板,如图5.34所示,其功能与"挤出"中的"薄壁设置"命令相同。

任务四　掌握实体倒圆角与倒角

倒圆角是指在实体的边缘通过圆弧进行过渡。倒角是指对实体倒棱角,即在被选择的实体边上切除材料。

1. 倒圆角设置

选择主菜单上的"实体"→"倒圆角"→"实体倒圆角"命令,或者单击工具栏上的"实体倒圆角"按钮 。选取图素进行倒圆角,可以是边线、面、实体,完成后按Enter键。弹出"实体倒圆角参数"对话框,设置圆角半径等参数,完成后单击"确定"按钮。

实体"倒圆角参数"对话框如图5.35所示。可以进行倒圆角的参数设置。

图5.35 "实体倒圆角设置"对话框

(1)定半径:倒圆角半径保持恒定,如图5.36所示。这是最常用、最简单的选项。直接输入半径值即可。

(2)变化半径:倒圆角半径沿边界变化,选中"变化半径"单选按钮后,对话框将发生变化,右侧的列表将会显示边界及点。选择一个顶点,再输入半径值可以设置不定点的半径值,单击"编辑"按钮,可以进行变化半径点的插入,也可以修改半径值等操作。

(3)角落斜接:当3个或3个以上边线交于一点进行倒圆角时,此设置将每个倒圆角曲面延长求交,而不对倒圆角边沿进行光滑处理,如图5.36和图5.37所示。

(4)沿切线边界延伸:如选中此复选框,用户只要选取一条边线,系统便自动延伸到下一切的边线进行倒圆角;否则,系统只会对选取的边线进行倒圆角。建立实体如图5.38(a)所示,选择图5.38(a)的实体的上边侧面棱线,不选沿切线边界延伸,结果如图5.38(b)所示;选择沿切线边界延伸,结果如图5.38(c)所示。

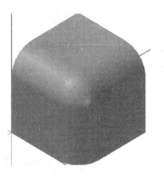

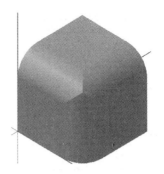

图 5.36　未设置角落斜接　　　　　　图 5.37　设置角落斜接

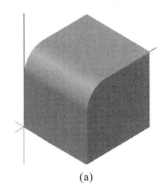

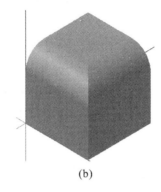

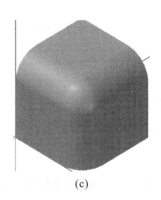

(a)　　　　　　　　　　(b)　　　　　　　　　　(c)

图 5.38　"沿切线边界延伸"设置

2. 倒角设置

选择主菜单上的"实体"→"倒角"命令,或单击"倒角"按钮 。选取实体边进行倒角,完成后按 Enter 键。弹出"实体倒角参数"对话框,设置倒角距离等参数。

实体例倒角有三种方式:单一距离、不同距离、距离角度。

(1) 单一距离:表示使用相同的尺寸进行倒角,可以在"距离"文本框中输入数值。

(2) 不同距离:表示使用两个不同的尺寸进行倒角,可以在"距离 1"和"距离 2"文本框中输入不同的数值。当以边线方式选取因素时,需要输入参考面。

(3) 距离角度:表示使用一个距离值和一个角度值进行倒角。在倒角时,它与"不同距离"倒角方式的操作相似;当以边线方式选取因素时,需要输入参考面。

"角落斜接"和"沿切线边界延伸"与倒圆角中的"角落斜接"和"沿切线边界延伸"相同。

任务五　掌握举升实体

举升实体是指将多个封闭的轮廓外形通过直线或曲线过度的方法构建实体。该功能既可创建主体,切割主体,也可增加凸缘。一般来说封闭的轮廓线不要太多,3~5 条适宜。

选择主菜单上的"S 实体"→"L 举升实体"命令,或单击"举升实体"按钮 。弹出"串连选项"对话框,依次串连选择二维截面图形,完成后单击"确定"按钮,弹出"举升实体设置"对话框。如图 5.39 所示。

图 5.39 "举升实体"设置

1. "举升实体设置"对话框

⊙**创建主体**：用于设置创建新的举升实体。

○**切割实体**：用于设置创建切除的举升特征，此单选项在创建最初的一个实体时不可用。

○**增加凸缘**：用于在现有实体基础上创建举升特征，使用此种方式创建的举升特征的材料与现有的实体相同，此单选项在创建最初的一个实体时不可用。

□**以直纹方式产生实体**：为勾选，以曲线连接各顶点；勾选后以直线连接各顶点。

2. 注意事项

要求选择的各个截面形状要按顺序、同起点、同方向，选取时会出现箭头来进行判断，箭头方向可通过选择"串连这项"对话框中的"反向"图标来改变，否则，生成的曲面会扭曲得"惨不忍睹"。因此要注意养成习惯，在选择各曲线时一定要使各曲线的箭头方向和起始点位置保持一致。

任务六 掌握扫描实体

扫描实体命令是将一个封闭的截面图形，沿着指定的轨迹线移动所形成的实体。如果轨迹线是直线，扫描出的实体就相当于挤出实体；如果轨迹线是一个圆，那么扫描出来的实体就相当于旋转实体。

选择主菜单上的"实体"→"扫描"命令，或者单击工具栏上的"扫描"按钮。弹出"串连选项"对话框，选择二维截面图形作为扫描截面，完成后单击"确定"按钮。选取扫描轨迹线，完成后系统自动弹出"扫描实体的设置"对话框如图 5.40 所示，选择"扫描操作"选择区域中的单选按钮，完成后单击"确定"按钮，完成扫描实体的创建。

图 5.40 "扫描实体的设置"对话框

注意：扫描截面图形一定要封闭，但是扫描的引导线可以是开放的也可以是封闭的。一般情况下，扫描截面图形在绘制的位置与引导线的关系是线与面垂直的关系。

【项目实施】

1. 挤出实体建模步骤

1）建立主要实体（矩形 120×100）

（1）启动 MasterCAMX4 软件，建立新的文件，名称"5-25.MCX"。

（2）构图面：俯视图 T，构图深度 Z＝0，绘制 120×100 矩形，定位基准点矩形中心，捕捉原点。

（3）挤出实体，挤出形状步骤（2）绘制的图形，串联选择，挤出方向向下，选择创建实体，设置挤出距离10，操作过程如图 5.41(a)～图 5.41(c)所示，设置其他相关参数如图 5.41(b)所示，单击"确定"按钮，结果如图 5.41(c)所示。

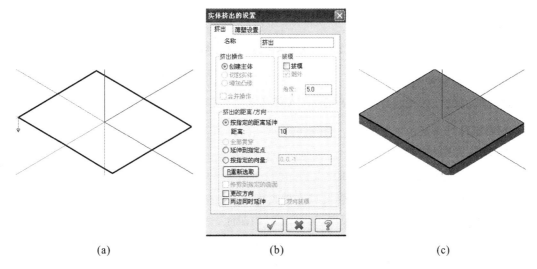

(a)　　　　　　　　　　(b)　　　　　　　　　　(c)

图 5.41　"挤出实体"方向、串连选项设置

2）建立凸起实体（矩形 20×40）

（1）构图面：俯视图 T，构图深度 Z＝0，绘制 20×40 矩形，定位基准点矩形中心，捕捉点（－25，0），如图 5.42(a)所示。

（2）挤出实体，挤出形状步骤（1）绘制的图形，串联选择，挤出方向向上，选择创建实体，设置挤出距离15，单击"确定"按钮，结果如图 5.42(b)所示。

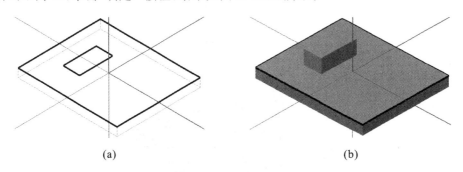

(a)　　　　　　　　　　　　　(b)

图 5.42　挤出实体轮廓、挤出实体

3）建立切割实体（矩形 10×30）

（1）构图面：俯视图 T，构图深度 Z＝10，切换到 2D 构图面，绘制 10×30 矩形，定位基准点矩形中心，捕捉点（－25，0），如图 5.43(a)所示。

（2）挤出实体，挤出形状步骤（1）绘制的图形，串联选择，挤出方向向上，选择切割实体，设置挤出距离5，单击"确定"按钮，结果如图 5.43(b)所示。

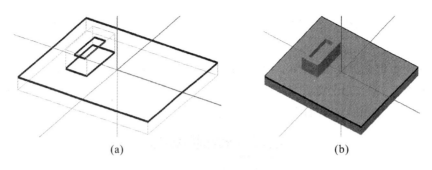

(a)　　　　　　　　　　　　　　　　(b)

图 5.43　挤出实体轮廓、挤出切割实体

4) 保存文件

将绘制好的实体保存在"D:/MasterCAM 项目二"文件夹中,文件名为"5-25 挤出实体.MCX"。

2. 旋转实体建模步骤

1) 建立旋转实体(直径 5 的圆)

(1) 打开"D:/MasterCAM 项目二"文件夹中,文件名为"5-26 挤出实体.MCX"的文件。

(2) 构图面:前视图 F,构图深度 Z＝4,2D 构图面,选择矩形形状设置 2.5×15,基准点为左端点(－25,15);选择直线绘制,绘制 30°射线,如图 5.44(a)所示;选择修剪/打断/延伸中 Divide/Delete 中修剪多余的线段,绘制封闭的旋转外形如图 5.44(b)和图 5.44(c)所示。

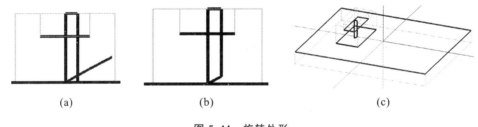

(a)　　　　　　　　　(b)　　　　　　　　　(c)

图 5.44　旋转外形

(3) 旋转实体,旋转形状步骤(2)绘制的图形,串联选择,创建主体,旋转起始角度 0,旋转终止角度 360°,单击"确定"按钮,结果如图 5.45 所示。

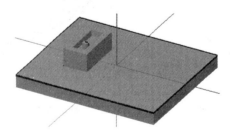

图 5.45　旋转实体

2) 平移复制实体

(1) 选中创建的实体。

(2) 单击转换→平移,选择构图平面为俯视图,设置其他相关参数如图 5.46(a)所示,沿

Y 轴平移-7,单击"确定"按钮,结果如图 5.46(b)所示。

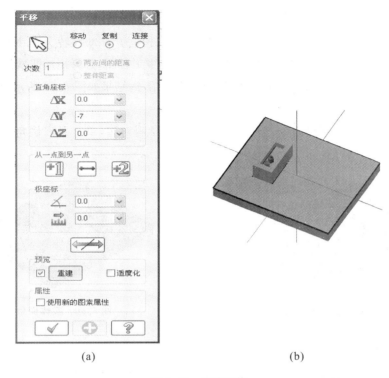

(a)　　　　　　　　　　　(b)

图 5.46　平移实体

3) 镜像实体

(1) 选中上述创建的两个实体。

(2) 单击转换→镜像,选择构图面为俯视图,沿 X 轴镜像,单击"确定"按钮,结果如图 5.47 所示。

4) 布尔运算

(1) 结合实体:单击布尔运算→结合,选择挤出实体创建的实体,将其结合为一个实体。

(2) 切割实体:单击布尔运算→切割,先选目标主体为(1)结合后的实体,再选 4 个圆柱体,按 Enter 键,结果如图 5.48 所示。

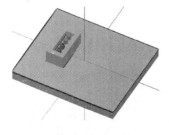

图 5.47　镜像实体

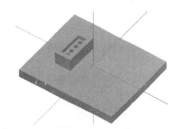

图 5.48　镜像实体

5) 保存文件

将绘制好的实体保存在"D:/MasterCAM 项目二"文件夹中,文件名为"5-25 旋转实体.MCX"。

3. 实体倒圆角与倒角建模步骤

1）倒圆角

（1）打开"D:/MasterCAM 项目二"文件夹中,文件名为"5-26 旋转实体.MCX"的文件。

（2）单击实体工具栏→倒圆角命令,结合图 5.26 中工程图,选择矩形凹槽的内 4 条竖边界倒圆角,半径 3。选择槽外面两条斜对边,倒圆角半径 5,结果如图 5.49 所示。

2）倒角

单击实体工具栏→倒角命令,选择槽外面另外两条斜对边,单一距离倒角,距离 6,结果如图 5.50 所示。

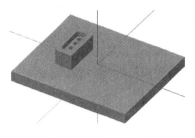

图 5.49　实体倒圆角

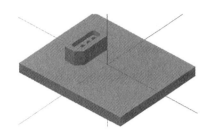

图 5.50　实体倒角

3）保存文件

将绘制好的实体保存在"D:/MasterCAM 项目二"文件夹中,文件名为"5-25 倒角实体.MCX"。

4. 建立举升实体步骤

1）建立举升实体

（1）打开"D:/MasterCAM 项目二"文件夹中,文件名为"5-26 倒角实体.MCX"的文件。

（2）构图面:俯视图 T,构图深度 Z＝0,2D 构图面,绘制封闭的 40×40 矩形,矩形角落圆角半径 6,中心位置坐标(15,0)。

（3）构图面:俯视图 T,构图深度 Z＝6,2D 构图面,绘制封闭的 32×32 矩形,矩形角落圆角半径 5。

（4）构图面:俯视图 T,构图深度 Z＝12,2D 构图面,绘制封闭的 30×30 矩形,矩形角落圆角半径 5。如图 5.51(a)所示。

（5）举升实体,创建实体前将要对齐的位置打断,然后举升实体,如图 5.51(b)所示。

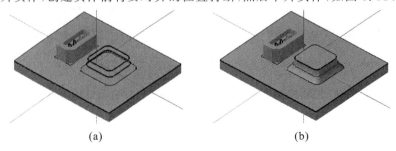

(a)　　　　　　　　　　　　　　(b)

图 5.51　举升实体创建

2）保存文件

将绘制好的实体保存在"D:/MasterCAM 项目二"文件夹中,文件名为"5-26 举升实体.MCX"

5. 建立椭圆切割实体步骤

1）椭圆切割实体

（1）打开"D:/MasterCAM 项目二"文件夹中,文件名为"5-26 举升实体.MCX"的文件。

（2）构图面:俯视图 T,构图深度 Z＝12,2D 构图面,绘制长半轴 12,短半轴 8 的椭圆。中心位置坐标(15,0),如图 5.52(a)所示。

（3）挤出切割实体:选择椭圆,注意设置为切割实体,切割深度 10。如图 5.52(b)所示。

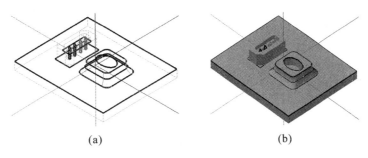

(a)　　　　　　(b)

图 5.52　椭圆切割实体

2）保存文件

将绘制好的实体保存在"D:/MasterCAM 项目二"文件夹中,文件名为"5-26 椭圆实体.MCX"

6. 建立牵引实体步骤

1）建立牵引实体

（1）打开"D:/MasterCAM 项目二"文件夹中,文件名为"5-26 椭圆实体.MCX"的文件。

（2）单击"实体工具栏"→"D 牵引实体"命令,或单击"牵引实体"按钮 。选择椭圆内表面作为要牵引的平面,椭圆上表面为不变的平面,角度 20°朝内,结果如图 5.53 所示。

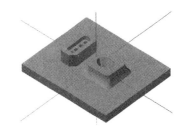

图 5.53　牵引实体

2）保存文件

将绘制好的实体保存在"D:/MasterCAM 项目二"文件夹中,文件名为"5-26 牵引实体.MCX"

7. 扫描实体

1）创建扫描实体

（1）打开"D:/MasterCAM 项目二"文件夹中,文件名为"5-26 牵引实体.MCX"的文件。

（2）构图面:俯视图 T,构图深 Z＝0,2D 构图面,绘制封闭 100×80 矩形,矩形角落圆角半径 10,中心位置原点,作为扫描引导线。

（3）构图面:前视图 F,构图深度 Z＝0,2D 构图面,绘制直径为 4 的半圆,圆心坐标(－50,0),作为扫描截面,如图 5.54(a)所示。

（4）扫描实体:选择步骤(3)半圆截面作为扫描截面,选择步骤(2)作为扫描引导线,注意曲线选择顺序,设置为增加凸缘,选择目标主体为底部立方体,结果如图 5.54(b)所示。

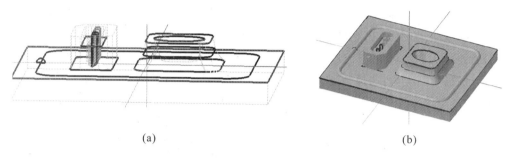

(a)   (b)

图 5.54　扫描实体

2）保存文件

将绘制好的实体保存在"D:/MasterCAM 项目二"文件夹中,文件名为"5-26 扫描实体. MCX,另存为 5-26. MCX"。

项目三　二维加工方法

【教学提示】

本项目主要介绍 MasterCAM 二维加工刀具路径的加工方式及基本设置方法。

【项目任务】

加工如图 5.1 所示的盖板零件,生成 NC 程序,并将其保存在"D:/MasterCAM 项目三"文件夹中,文件名为"5-1 加工. MCX",NC 程序命名为"5-1 加工. NC"。

【任务分析】

根据零件图形的结构,要完成该零件的形状加工,首先要选择正确的加工方式。由于该零件形状的特点是在 Z 轴方向上进刀到一定深度,只有 XY 方向运动完成零件轮廓形状的加工,故采用 MasterCAM 软件中立式铣床二维加工方式即可完成。

本项目图形的加工需要采用面铣削加工、外形铣削加工、挖槽加工、钻孔加工等加工方式,每一种加工方式中刀具路径的设置方法都有其各自的特点,也有其相似参数设置的方法。

本项目图形的加工模拟要设置好铣削加工高度共同参数,学会正确选择平面铣削刀具及刀具参数的设置功能,掌握设置平面铣削刀具路径深度的方法;在外形铣削加工刀具路径设置中要正确设置加工对象串连的选择,正确这择刀具来设置刀具路径参数,掌握外形铣削加工参数(如外形分层、深度分层、预留量等)的设置功能;挖槽加工刀具路径设置中要正确设置标准挖槽加工粗加工/精加工参数、深度分层参数,选择好挖槽加工的类型和下刀模式;钻孔加工刀具路径设置中要熟悉钻孔循环方式及应用场合,学会选择钻孔加工点(手动选点、自动选点、图素选点、视窗选点等)的设置,注意刀具补正方式,正确输入贯入距离、刀尖角度等参数的设置。

任务一　掌握面铣削加工

1. 认识面铣加工

面铣削主要对工件的坯料进行表面加工,以便后续的外形铣削加工、挖槽加工、钻孔加工等加工操作,特别对较大的工件表面加工效率更高。常用面铣削刀具为面铣刀和圆鼻等。

2. 面铣削参数的设置

1) 共同参数

铣床加工各种刀具路径参数中均包含高度共同参数设置,主要包括安全高度、参考高度、进给下刀位置、工件表面和最后切削深度五个高度参数(如图 5.55 所示)。

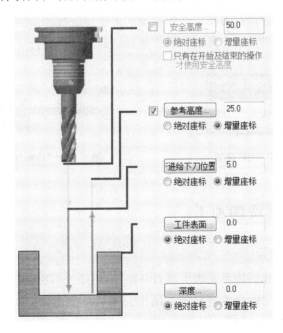

图 5.55　"共同参数"选项

安全高度:用于设置刀具在没有切削工件时与工件之间的距离。系统中提供了两种设置方法,绝对坐标和增量坐标(相对坐标)设置。绝对坐标相对于系统原点设置,而相对坐标相对于工件表面设置。

参考高度:用于设置刀具在下一个刀具路径前刀具退回高度。此参数设置必须高于下刀位置。

进给下刀位置:用于设置切削时刀具移动的平面,该平面是刀具的进刀路径所在的平面。

工件表面:用于设置工件表面的高度位置。

深度:设置刀具的切削深度,深度中的数值正负均有可能。

2)切削方式

在"切削类型"下拉列表框中,包含4个选项,如图5.56所示,各选项含义分别如下:

双向:表示切削方向往复变换的铣削方式。

单向:表示切削方向固定为某个方向的铣削方式。

一刀式:表示在工件中心进行单向一次性的铣削加工。

动态:表示切削方向动态调整的铣削方式。

3)刀具超出量

面铣削开始和结束间隙设置即是面铣削刀具超出量设置。

4)选择"切削类型"中的双向

点选"切削间的位移方式"右侧下拉列表框,如图5.57所示,此下拉列表框中的3个选项含义如下:

高速回圈:刀具加工完一行会快速移动到另一行。

线性进给:加工完一行后,刀具走直线移动到下一行进行加工。

快速位移:加工完一行后,刀具走直线快速移动到下一行进行了加工。

图 5.56 "切削类型"选项

图 5.57 "切削间位移方式"选项

任务二 掌握外形铣削加工

1. 认识外形铣削加工

外形削加工是沿选择的边界轮廓生成刀具路径,用于外形粗加工或精加工,主要用来铣削轮廓外边界、倒直角、清除边界残料等。操作起来简单实用,在数控铣削加工中应用非常广泛,所用刀具通常有平刀、圆角刀、斜度刀等。

外形铣削加工在工件外进刀,下刀时应避开曲线拐角处。如果选择的曲线是三维空间曲线,则自动转化三维曲线外形铣削。二维外形铣削刀具路径的切削深度一般是固定不变的。

2. 外形铣削参数设置

1)补正设置

在实际的外形铣削过程中,刀具中心所走的加工路径并不是工件的外形轮廓,还包括一个补正量,补正量包含以下几方面设置:①实际使用刀具的半径;②程序中指定的刀具半径与实际的刀具半径之间的差值;③刀具的磨损量;④工件间的配合间隙。

在进行刀具补正时,Mastercam X4 提供了"补正类型","补正方向"、"校刀位置"、"刀具在转角处走圆弧"、"外形铣类型"等选项,各选项的含义如下。

补正类型:Mastercam X4 提供了 5 种补正类型供用户选择,如图 5.58 所示。

图 5.58 "补正类型"下拉列表框

(1)计算机:系统采用计算机补正方式,刀具中心往指定方向"左"或"右"移动一个补正量(一般为刀具的半径),NC 程序中的刀具移动轨迹坐标是加入了补正量的坐标值。

(2)控制器:由控制器将刀具中心往指定的方向移动一个补正量(一般为刀具的半径),系统将在 NC 程序中给出补正控制代码,NC 程序中的坐标值是外形轮廓的坐标值。

(3)磨损(两者):系统同时采用计算机和控制器两者补正方式,且补正方向相同,并在 NC 程序中给出加入了补正量的轨迹坐标值,同时又输出控制代码 G41 或 G42。

(4)反向磨损(两者反向):系统采用计算机和控制器反向补正方式,即当采用计算机左补正时,系统在 NC 程序中输出反向控制代码 G42(右补正);当计算机采用右补正时,系统在 NC 程序中输出反向控制代码 G41(左补正)。

(5)关:系统关闭补正方式,在 NC 程序中给出外形轮廓的坐标值,且 NC 程序中无控制补正代码 G41 或 G42。

补正方向:Mastercam X4 提供了两种补正方向,如图 5.59 所示。

① 左:系统采用左补正,若选择的补正类型为"计算机",则朝选择的串连方向看去,刀具中心往外形轮廓左侧方向移动一个补正量;若选择的补正方式为"控制器",则将在 NC 程序中输出左补正代码 G41。

② 右:系统采用右补正,若选择的补正方式为"计算机",则朝选择的串连方看去,刀具中心往外形轮廓右侧方向移动一个补正量;若选择的补正方式为"控制器",将在 NC 程序中输出右补正代码 G42。

校刀位置:"校刀位置"实际上就是设置刀具在 Z 轴方向的补正位置,有"中心"和"刀尖"两种选项,如图 5.60 所示。

图 5.59 "补正方向"下拉列表框

图 5.60 "补正方向"下拉列表框

刀具在转角处走圆角(圆弧):"刀具在转角处走圆弧":该下拉列表框用于选择在转角处刀具路径的方式,有 3 种形式可以选择。

① 无:不走圆角。系统在几何图形转角处不插入圆弧切削轨迹,所有转角均为锐角切

削轨迹。

② 尖角：系统在小于135°（工件材料一侧的角度）走的几何图形转角处插入圆弧切削轨迹，大于135°的转角不插入圆弧切削轨迹。

③ 全部：全走圆角。系统在几何图形的所有转角处均插入圆弧切削轨迹。

刀具"路径最佳化"和"寻找相交性"：采用"控制器"补正形式时，可以勾选"路径最佳化"（optimize cutter）复选项，如图5.60所示，该选项可消除刀具路径中小于或等于刀具半径的圆弧，避免轮廓边界过切；当补正类型为"两者"或"两者反向"时，勾选"寻找相交性"复选项，如图5.60所示，软件会自动沿刀具路径去寻找是否有相交现象。若存在问题，系统会自动调整刀具路径，防止刀具误切而破坏轮廓表面。

2）外形铣削类型

外形铣削类型包括2D外形铣削、2D倒角加工、斜线下刀加工、残料加工和轨迹线加工5中方式，如图5.61所示。

（1）2D外形铣削：当进行该选项加工时，整个刀具路径的铣削深度是相同的，其Z坐标值为设置的相对铣削深度值。

（2）2D倒角加工：倒角加工必须使用倒角刀，倒角的角度由倒角刀的角度决定，倒角的宽度可以通过倒角对话框来设置。参照图5.61选择加工方式为"2D倒角"，弹出倒角设置对话框，如图5.62所示。根据加工倒角要求，设置倒角宽度和刀尖伸出长度。

图5.61 "外形铣类型"下拉列表框

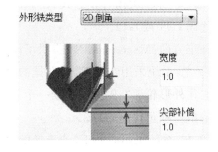

图5.62 2D倒角加工对话框

（3）斜降下刀加工：一般用来加工铣削深度较大的外形，参照图5.61选择加工方式为"斜降下刀"加工方式，弹出斜降下刀加工设置对话框，如图5.63所示。

斜降加工斜插的位移方式有3种：角度方式、深度方式和垂直下刀方式。

角度方式：刀具沿设定的倾斜角度，加工到最终深度。

深度方式：刀具在XY平面移动的同时进刀深度逐渐增加，但刀具铣削深度始终保持我们设定的深度值，达到最终深度后刀具不再下刀，沿轮廓铣削一周加工出轮廓外形。

垂直下刀方式：刀具先下到设定的铣削深度再在XY平面内移动进行铣削。

（4）残料加工：残料加工主要针对上次没有加工到的部位清理。参照图5.61选择加工方式为"残料加工"方式，弹出残料加工设置对话框，设置残料来源及其他相关参数。

3）外形铣削中的各个选项

外形铣削中的各个选项在"切削参数"中设置，如图5.64所示。

图 5.63　斜降下刀加工对话框　　　　　　　　　　图 5.64　切削参数选项

　　（1）平面多次分层铣削：选择"分层铣削"选项，弹出 XY 平面多次"分层铣削"设置对话框，如图 5.65 所示。

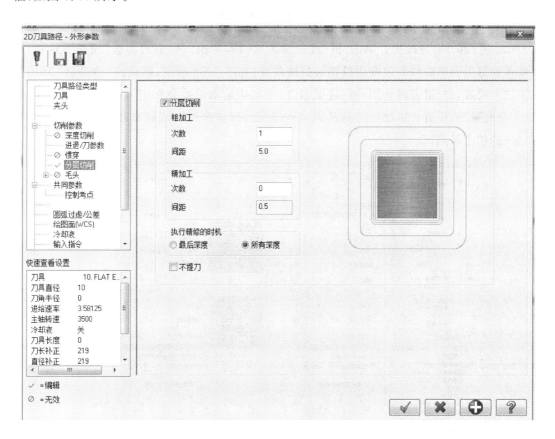

图 5.65　分层铣削对话框

（2）深度分层切削设置：选择"深度切削"选项，弹出"深度分层切削"设置对话框，如图 5.66 所示。

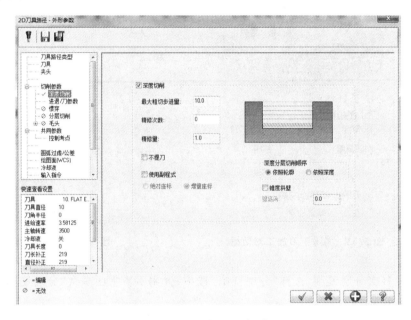

图 5.66 深度设置对话框

（3）进/退刀向量设置。单击"进/退刀参数"选项，弹出"进/退刀参数"设置对话框，进刀圆弧和退刀圆弧的圆心角即为设置的扫描角度，如图 5.67 所示，默认的"重叠量"为 0，如果不进行设置，进/退刀将从同一点进退刀，由于机床运动误差会在进刀退刀点留下加工缺陷。"重叠量"的设置可以改变刀具从同一点进/退刀，从而可以减轻或避免进/退刀在同一点造成的加工缺陷。

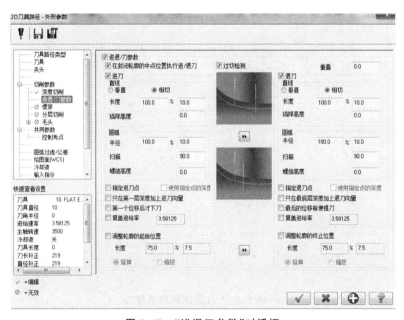

图 5.67 "进退刀参数"对话框

（4）贯穿设置：选择"贯穿"选项，弹出"贯穿参数"对话框，如图 5.68 所示。

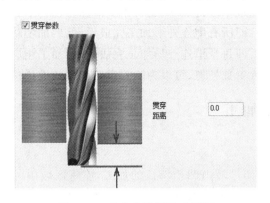

图 5.68　贯穿参数设置对话框

（5）毛头（跳刀）设置：毛头设置也称跳刀设置，在外形铣削时，使用跳刀设置可以在设定的跳刀位置，对整个加工深度不加工，或者留出设定的跳刀厚度不加工。

选择"毛头"选项，弹出"毛头设置"切削参数对话框，如图 5.69 所示。

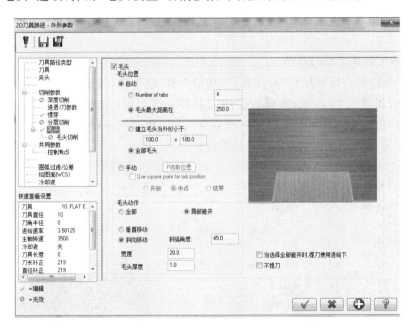

图 5.69　毛头（跳刀）设置对话框

选择"毛头切削"选项，弹出"避开处的精加工选项"对话框，如图 5.70 所示。

图 5.70　毛头（跳刀）切削对话框

"避开处的精加工选项"各项含义如下：

不一起加工：即跳刀位置不进行加工，留待手工清除。

加工完所有的轮廓后：即所有串连外形加工完成后，然后加工跳刀。

加工完每个的轮廓后：即每个串连外形加工完成后，再加工相应的跳刀位置。

单独的操作：跳刀位置单独处理，可以为跳刀设置单独的进给速度和主轴转速等。

任务三　掌握挖槽加工

1. 认识挖槽加工

挖槽加工主要用于封闭区域内凹槽特征的加工，能将区域内的材料铣削掉。用于挖槽外形及岛屿的图素必须在同一构图面上，不可以选择三维串连外形作为挖槽的外形边界。挖槽加工在坯料上进刀，下刀时常选用螺旋或斜向下刀，其走刀方式一般使用双向走刀。

2. 挖槽加工参数的设置

选择主菜单"刀具路径"→"标准挖槽"命令，在绘图区选择串连图形后，单击"确定"按钮。打开"2D刀具路径—标准挖槽"对话框，选择"切削参数"选项卡。挖槽参数设置与平面铣削参数有很多相同的参数设置方法，可参照平面铣削参数进行理解，下面将介粗一些不同的参数。

1）为精加工创建单独的操作

在"2D刀具路径—标准挖槽"对话框的"切削参数"选项中，勾选"产生附加精修操作（可换刀）"复选框，如图5.71所示，这样在生成刀具路径的同时，为精加工生成一个独立的操作，精加工操作边界为粗加工时选择的挖槽边界。为了提高加工精度，用户可以为精加工操作单独设置刀具、进给速度、主轴转速等相关参数。

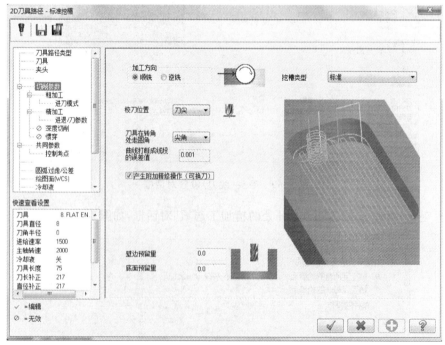

图 5.71　"标准挖槽"对话框中的"切削参数"选项卡

2) 挖槽加工的类型

选择"2D刀具路径—标准挖槽"对话框中的"切削参数"选项,"挖槽类型"下拉列表框中包括了"标准挖槽"、"平面加工"、"使用岛屿深度"、"残料加工"、"开放式挖槽"5种类型。

下面将介绍这5种挖槽类型的含义。

(1)标准挖槽:标准挖槽仅对铣削定义的凹槽的材料,而不会对边界或岛屿进行铣削加工。

(2)平面加工:设置挖槽加工类型为"平面加工"方式,将弹出"平面加工"对话框,如图5.72所示。在该对话框中,用户可设置铣削平面加工的相应参数,平面加工挖槽在加工过程中只保证加工出选择的表面,而不考虑是否会对边界或岛屿的材料进行铣削。

(3)使用岛屿深度:设置挖槽加工类型为"使用岛屿深度"方式,将弹出"使用岛屿深度"对话框,如图5.73所示。当岛屿深度与边界不同时,可使用该选项。"岛屿上方的预留量"该文本框用于输入岛屿的最终深度,此值一般要高于凹槽的铣削深度。

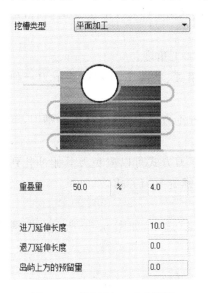

图 5.72 "平面加工"对话框

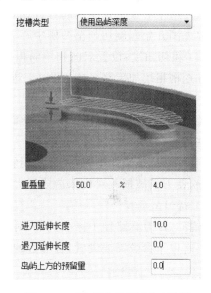

图 5.73 "使用岛屿深度"对话框

(4)残料加工:设置挖槽加工类型为"残料加工"方式,将弹出"残料加工"对话框。残料加工方式能够让用户选择较小的刀具对上一个挖槽粗加工操作未加工到的区域进行加工,其设置方法与残料外形铣削加工中的参数设置相同。

(5)开放式挖槽:设置挖槽加工类型为"开放式挖槽"方式,将弹出"开放式挖槽"加工对话框。开放轮廓挖槽加工能够对非封闭的开放轮廓进行挖槽加工。

3) 粗加工方式

单击"2D刀具路径—标准挖槽"对话框中的"粗加工"选项卡,勾选"粗加工"复选框,粗加工方式有"双向铣削""等距环切""平行环切""平行环切清角""依外形环""高速切削""单向切削""螺旋切削"这8种,如图5.74所示。

(1)切削间距:切削间距设置有两种方式:一是"切削间距(直径%)",该文本框用于设置刀具路径的方向间距,以刀具直径的百分比表示,默认值为75%。二是"切削间 距(距离)",即实际的距离。

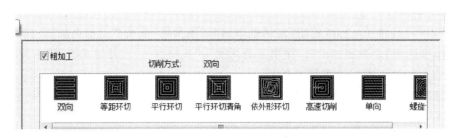

图 5.74　粗加工切削方式

（2）刀具路径最优化：勾选刀具路径最优化选项，当清除岛屿周围的材料时可以避免刀具埋入材料太多而撞刀，在切削方式为双向铣削、等距环切、平行环切、平行环切清角时该选项处于激活状态。

（3）由内到外环切：用来设置螺旋进刀方式时的挖槽起点。当选中该复选框时，切削方式是从凹槽中心或指定挖槽起点开始，螺旋切削至凹槽边界；当未选中该复选框时，是从挖槽边界外围开始螺旋切削至凹槽中心。

（4）粗切角度：设置双向和单向粗加工刀具路径的加工角度。

在挖槽粗统加工路径中，粗加工进刀模式可以采用关、斜降下刀和螺旋下刀三种下刀方式。

关：该选项为默认的下刀方式，此时刀具从零件上方垂直下刀，需要选用键槽刀，下刀时要慢些。

斜降下刀/螺旋式下刀：一般使用斜降下刀或螺旋下刀方式可以避免刀具俯冲扎到工件上表面，使刀具破损并对机床造成巨大伤害。推荐使用螺旋下刀方式。

4）精加工参数

选择"2D 刀具路径一标准挖槽"对话框中的"精加工"选项，如图 5.75 所示。挖槽精加工主要有以下参数需要设置，各参数的含义如下：

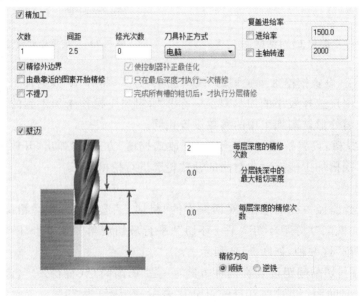

图 5.75　挖槽精加工对话框

（1）精修外边界：选中该复选框，则对外边界进行精铣削，否则仅对岛屿边界进行精铣削。

（2）由最靠近的图素开始精修：勾选该复选框，则在靠近粗铣削结束点位置，开始精铣削，否则按选取边界的顺序进行精铣削。

（3）只在最后深度才执行一次精修：勾选该复选框，在最后的铣削深度进行精铣削，否则在所有深度进行精铣削。

（4）使控制器补正最佳化：勾选该复选框，如果精加工选择为机床控制器刀具补正，则在刀具路径上消除小于或等于刀具半径的圆弧，并帮助防止划伤表面；如果不选择在控制器刀具补正，则该复选框防止精加工刀具不能进入粗加工所用的刀具加工区。

（5）薄壁精修：勾选"壁边"复选框，将弹出设置"壁边"参数对话框，在该对话框中，用户可设置 Z 向切削层厚度，以避免薄壁加工变形。

任务四　掌握钻孔加工

1. 钻孔加工

钻孔加工分为钻孔、攻螺纹、镗孔等多种加工方式，以点或圆弧中心确定加工位置。常用孔加工刀具为钻头和攻螺纹刀具。

钻孔加工主要参数的设置

2. 钻孔加工主要参数设置

1）钻孔点的选择方式

单击"刀具路径"→"钻孔"命令，弹出"选择钻孔加工点"对话框，选取钻孔点有 8 种方式，如图 5.76 所示。

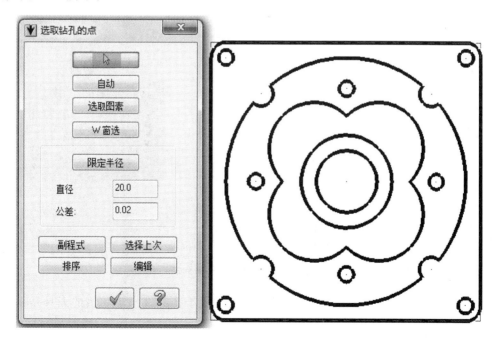

图 5.76　钻孔点选择对话框

（1）手动选点：系统首先默认的选择方式是手动选点。用户可以选择图形中存在的点，如圆或圆弧的圆心，或捕捉几何图形的端点、中点、交点、中心点等来产生钻。

（2）自动选点：系统自动选择一系列已经存在的点作为钻孔中心点。用鼠标选择第一、第二、最后一点，其余的点系统按顺序自动选择一系列相关点，但有时可能出现遗漏而不能选撕补点。

（3）选取图素点：系统自动选择几何图形的端点作为钻孔点。如选择直线或圆弧，则直线端点或圆弧圆心会成为钻孔点。

（4）窗选：单击"窗选"按钮，拾取窗口的对角点，则窗口内的点全部选中成为钻孔点。

（5）限定半径：单击"限定半径"按钮，选取圆或圆弧，则小于或等于输入圆半径的圆或圆弧的圆心成为钻孔点。

（6）副程式：单击"副程式"按钮，弹出子程序调用对话框，则调用程序中的钻孔点、扩孔点、铰孔点将成为本次加工的钻孔点，副程式选项只使用于以前有钻孔、扩孔、铰孔 操作的加工。

（7）选择上次：将上次选择的点及排序方法作为本次钻孔点和排序方法。

（8）排序：单击"排序"按钮，弹出排序对话框。有 2D 排序、旋转排序和交叉断面排序三个选项卡。

2）钻孔加工循环方式

在"2D 刀具路径—钻孔/全圆铣削"对话框，选择"切削参数"选项，弹出"循环"方式选项卡。系统设置钻孔加工循环方式有 8 种标准循环方式，用户还可以自定义 12 种钻孔循环，如图 5.77 所示。

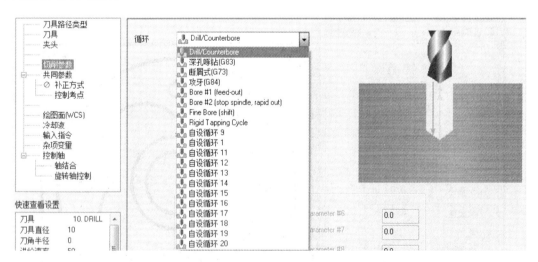

图 5.77　钻孔循环方式选择列表

（1）Drill/Counter bore（钻通孔或镗孔循环）：常用于孔深度小于 3 倍的刀具路径的钻孔循环（G81/G82）。

（2）深孔啄钻（G83）：啄式钻孔常用于孔深大于 3 倍刀具直径的深孔，特别是不易断屑的钻孔,钻孔的动作一次比一次钻的深。

(3)断屑式(G73):常用于孔深小于3倍刀具直径的钻孔,钻孔动作会多次向上回缩,但只回退一个设定的距离。

(4)攻牙(G84):攻左旋或右旋螺纹。左旋或右旋螺纹主要取决选择的刀具和主轴旋向。

(5)Bore♯1(镗孔孔方式1):用进给速率进行镗孔和退刀,孔的表面较为光滑,常用于镗盲孔(G85/89)。

(6)Bore♯2(镗孔孔方式2):用进给速率进行镗孔和退刀,主轴停止后,在快速回退(G86)。

(7)Fine Bore(精镗孔):镗至孔底部时,让刀(让刀指旋转一个角度,使刀尖不再与孔壁接触)后再回退。

(8)Rigid Tapping Cycle(快速攻丝循环):快速攻左旋或右旋内螺纹,提高实效。

3)刀尖补偿

在"2D刀具路径—钻孔/全园铣削"选项卡中,选择"共同参数"下的"补正方式"选项,弹出"补正方式"对话框,如图5.78所示。在钻削通孔时若设置的钻孔深度与材料厚度相同,会导致在孔底留有残料,而利用钻头的补正方式就能解决此问题,补正量的具体值根据加工需要进行设置。

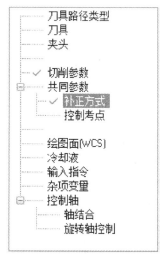
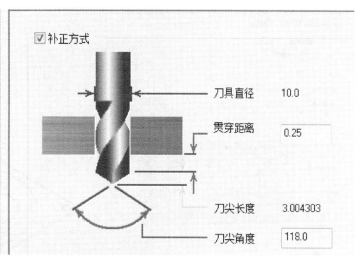

图5.78 钻头补正方式对话框

任务五 了解雕刻加工

1. 认识雕刻加工

雕刻加工是 MasterCAM X4 系统新增的铣削功能,主要用于对文字及产品装饰图案进行雕刻加工。雕刻加工主要使用挖槽雕刻功能。挖槽雕刻指的是用一把直径较小的铣刀将一闭合图形的内部或外部挖空,形成凹凸的形状,常用来雕刻凹凸的文字。常用雕刻刀具为平铣刀、中心钻、倒角刀或锥度刀。

2．雕刻加工参数设置

雕刻加工除了要设置和外形铣削所介绍的共同刀具参数外，还要设置其专用的两组铣削参数"雕刻加工参数"和"粗切/精修参数"。这两组参数设置与标准挖槽加工参数非常相似，在此不再相述，具体操作方式见本项目实施方法。

【项目实施】

1．平面铣削操作步骤

（1）单击菜单栏"文件"→"打开文件"命令，打开"D：/MasterCAM 项目一"文件夹中，文件名命名为"5-1．MCX"的文件。

（2）单击菜单栏"机床类型"→"铣削"命令，此例中使用"默认"，用户可根据工厂实际需要选择加工设备。

（3）在刀具管理器内的"属性"子菜单中，单击"材料设置"命令，弹出"机器群组属性"对话框，并默认显示"材料设置"选项卡。

（4）单击"边界盒"按钮，弹出"边界盒选项"对话框，保持默认设置，单击"确定"按钮，返回"材料设置"选项卡，设置 Z 值为 15.5，选择"显示方式"复选框，并设置"工件的原点"均为0，如图 5.79 所示，单击"确定"按钮，完成材料的设置。

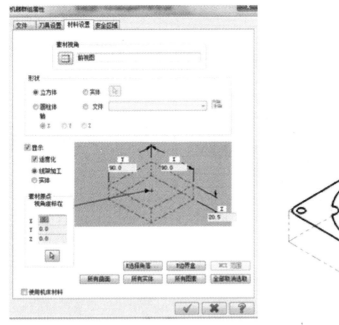
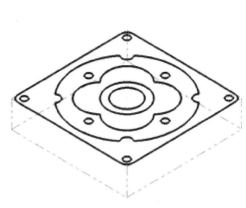

图 5.79　设置材料参数

（5）单击菜单栏"刀具路径"→"平面铣削"命令，弹出"串连选项"对话框，根据信息提示，在绘图区中"串连对象" 选择 90×90 正方形图形，完成图素选择后，单击"确定"按钮，弹出"平面铣削"对话框，如图 5.80 所示。

（6）选择"刀具"选项，在刀具栏空白区内右击，在弹出的菜单中选择"选择库中刀具"命

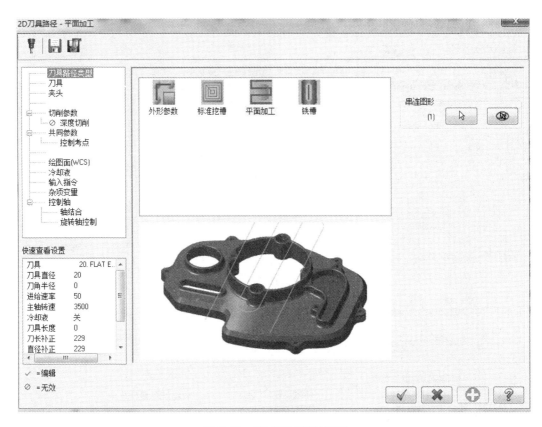

图 5.80 "平面铣削"对话框

令。系统弹出刀具库对话框,设置过滤刀具直径等于 50,如图 5.81 所示,在刀具库列表中选择直径为 50 的面铣刀,如图 5.82 所示,单击"确定"按钮,结束刀具选择。

图 5.81 "刀具过滤设置"对话框

(7) 双击刀具栏中的面铣刀,弹出"定义刀具"对话框,选择"参数"选项卡,设置如图 5.83

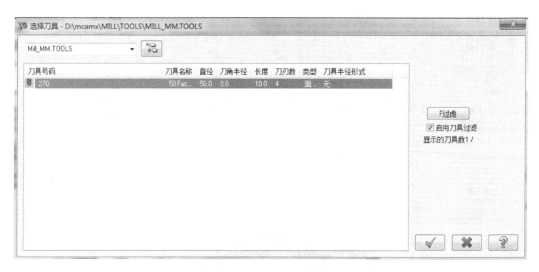

图 5.82 "选择刀具"对话框

所示的刀具参数,单击"确定"按钮,结束刀具参数的设置,系统将返回"平面铣削"对话框。

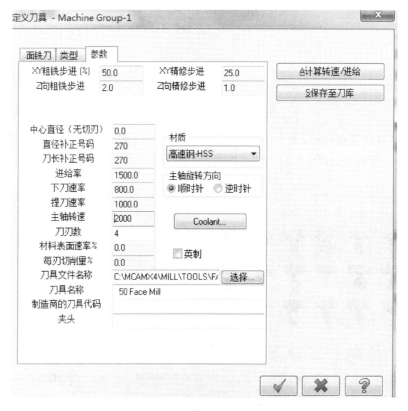

图 5.83 设置刀具参数

(8) 设置面铣削刀具路径参数。在"平面铣削"对话框中,单击"共同参数"命令,弹出面削参数对话框,设置相关参数,下刀深度设置为-0.5,如图 5.84 所示,单击"确定"按钮生成刀具路径。

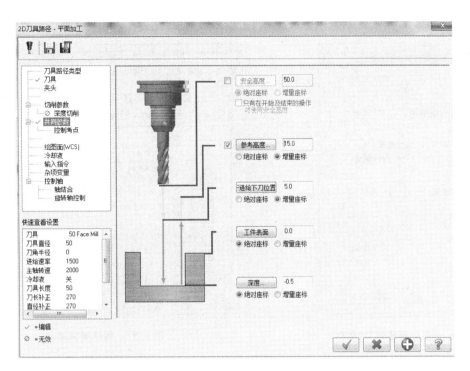

图 5.84　设置面铣削参数

（9）单击加工操作管理器中的"选择所有加工"操作按钮 ，单击"验证已选择"按钮 ，弹出验证实体加工模拟对话框，单击"执行"按钮 ，模拟加工结果如图 5.85 所示，单击"确定"按钮，结束模拟验证操作。

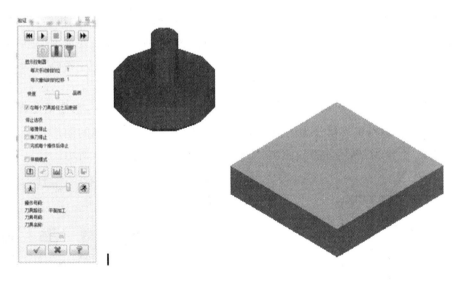

图 5.85　实体加工模拟结果

（10）选择菜单栏中的"文件"→"另存为"命令，以"5-1 面铣削加工.MCX"保存文件。选择"操作管理"中的"刀具路径"选项卡，单击选项中"后处理"按钮，弹出如图 5.86 所示的"后处理程序"对话框，勾选"NC 文件"和"NCI 文件"复选框，单击"确定"按钮，设置 NC 程序保存路径,生成程序代码,如图 5.87 所示,用户可以在此基础上进行优化程序。

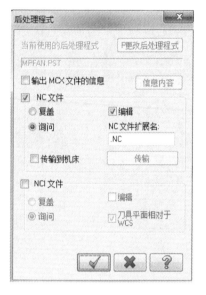

图 5.86 "后处理程式"对话框　　　　　　　图 5.87 程序编辑器

2. 外形铣削操作步骤

(1) 单击菜单栏"文件"→"打开文件"命令,打开"D:/MasterCAM 项目三"文件夹中,文件名为"5-1 面铣削加工. MCX"的文件。

(2) 单击菜单栏"机床类型"→"铣削"命令,此例中使用"默认",用户可根据工厂实际需要选择加工设备。

(3) 在刀具管理器内的"属性"子菜单中,单击"材料设置"命令,弹出"机器群组属性"对话框,并默认显示"材料设置"选项卡。单击"边界盒"按钮,弹出"边界盒选项"对话框,保持默认设置,单击"确定"按钮,返回"材料设置"选项卡,设置 Z 值为 15.5,选择"显示方式"复选框,并设置"工件的原点"均为 0,单击"确定"按钮,完成材料的设置。

(4) 单击"刀具路径"→"外形铣削"命令,弹出"串连选项"对话框,根据信息提示,在绘图区中选择 ⊙⊙⊙ 圆角矩形框作为串连对象,选择如图 5.88 所示加亮的图形作为串连对象完成图素选择后,单击"确定"按钮,弹出"外形铣削"对话框,如图 5.89 所示。

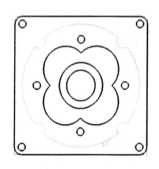

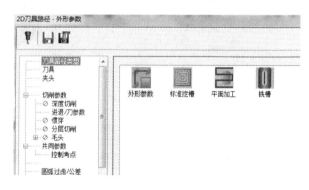

图 5.88 外形铣"串连选择"对象　　　　　　图 5.89 外形铣对话框

（5）单击"刀具"选项，在刀具栏空白区内右击，在弹出的菜单中选择从刀具库中选择刀具命令。系统弹出刀具库对话框，启用刀具过滤，在刀具库列表中选择直径为 8 的平铣刀，如图 5.90 所示，单击计入按钮，单击确定，结束刀具选择。

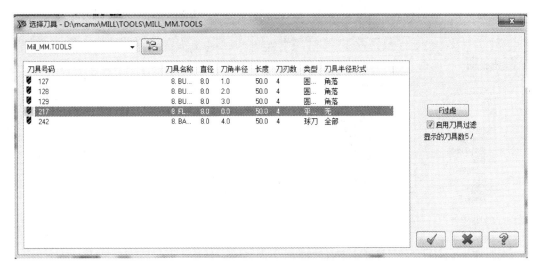

图 5.90　选择 φ8 的平底刀

（6）双击刀具栏中的平铣刀，弹出"定义刀具"对话框，选择"参数"选项卡，设置图 5.91 所示的刀具参数，单击"确定"按钮，结束刀具参数的设置，系统将返回"外形铣削"对话框。

图 5.91　设置刀具参数

（7）设置切削参数"补正类型"为"控制器补正"，补正方向为"左"刀补，校刀位置为"中心"。

（8）设置外形铣削刀具路径参数。在"外形铣削"对话框中，单击"共同参数"命令，弹出"外形铣削参数"对话框，设置相关参数，下刀深度设置为−10.5，如图5.92所示。

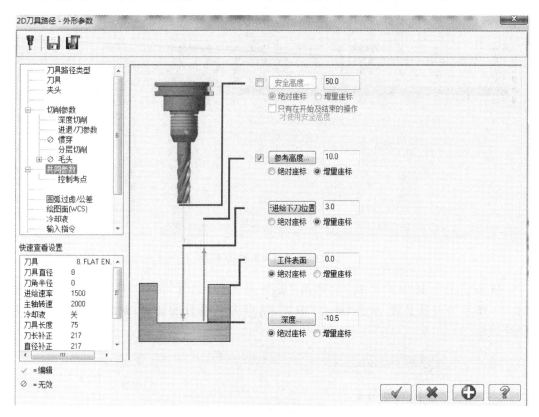

图5.92　设置面铣削参数

（9）在"外形铣削"对话框中，单击"切削参数"选项卡中的"分层铣削"命令，弹出"分层铣削参数"对话框，设置图5.93所示的分层铣削参数。

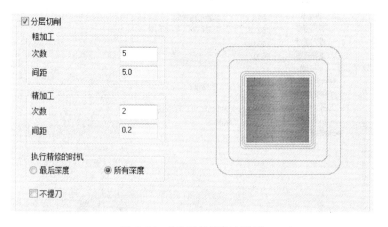

图5.93　"分层铣削"对话框

（10）在"外形铣削"对话框中，单击"切削参数"选项卡中的"深度切削"命令，弹出"深度铣削参数"对话框，设置图 5.94 所示的深度铣削参数，单击"确定"按钮。

（11）单击顶部工具栏中的等角视图按钮，单击加工操作管珲器中的"选择所有加工"操作按钮 🔧，单击"验证已选择"按钮 📦，弹出验证实体加工模拟对话框，单击执行按钮 ▶，模拟加工结果如图 5.95 所示，单击"确定"按钮，结束模拟验证操作。

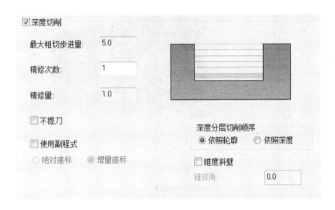

图 5.94 "深度切削"对话框

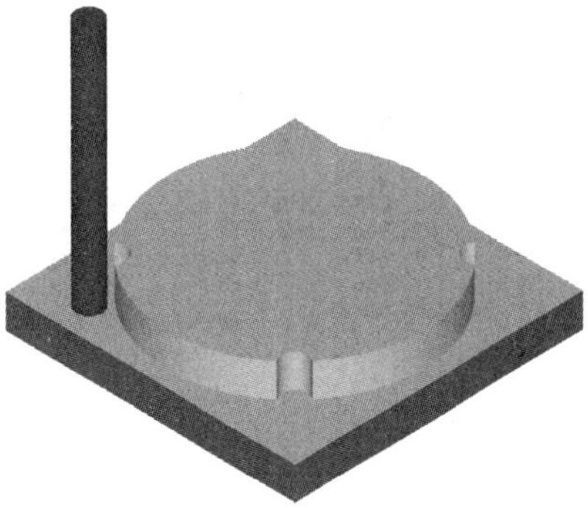

图 5.95 实体加工模拟结果

（12）选择菜单栏中的"文件"→"另存为"命令，以"5-1 外形铣削加工.MCX"保存文件。

3. 挖槽操作步骤

（1）单击菜单栏"文件"→"打开文件"命令，打开"D：/MasterCAM 项目三"文件夹中，文件名为"5-1 外形铣削加工.MCX"的文件。

（2）单击主菜单栏"刀具路径"→"标准挖槽"命令，弹出"串连选项"对话框，根据信息提示，单击"图素串连对象"按钮，在绘图区中选择图 5.96 所示图形，完成图素选择后，单击"确定"按钮，弹出"2D 刀具路径—标准挖槽"对话框。

（3）选择"刀具"选项，在刀具栏空白区内右击，在弹出的菜单中选择从刀具库中选择刀具命令，系统弹出刀具库对话框，启用刀具过滤，在刀具库列表中选择直径为 4 的平铣刀，如图 5.97 所示，单击加入按钮，单击"确定"按钮，结束刀具选择命令，如图 5.98 所示的设置刀具参数。

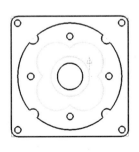

图 5.96 挖槽选择串连图形

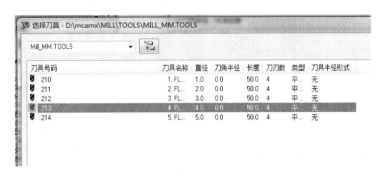

图 5.97 选择直径为 4 的刀具

（4）单击"切削参数"，在挖槽类型对话框中选择"使用岛屿挖槽"，岛屿上方预留量设置为－5.5，如图 5.99 所示。

图 5.98　设置刀具参数

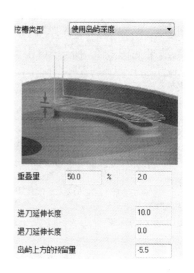

图 5.99　"使用岛屿加工"参数设置

（5）设置挖槽铣削刀具路径参数。在"标准挖槽"对话框中，选择"共同参数"选项，弹出挖槽铣削参数对话框，设置相关参数，下刀深度设置为－10.5，如图 5.100 所示。单击"切削深度"选项命令，设置深度分层参数，如图 5.101 所示。

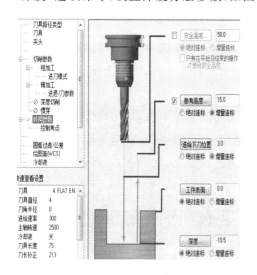

图 5.100　设置挖槽加工参数

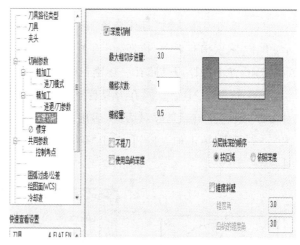

图 5.101　设置深度分层参数

（6）选择"粗加工/精加工参数"选项，设置粗加工切削方式为"等距环切"，勾选"刀具路径最佳化"和"由内而外环切"复选框，如图 5.102 所示。

（7）设置图 5.103 所示的精加工参数，单击挖槽参数设置对话框中的"确定"按钮，结束挖槽参数设置，生成刀具路径。

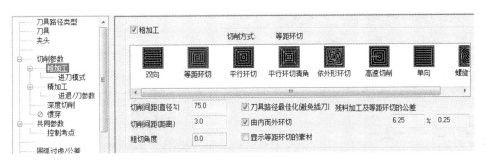

图 5.102　设置粗加工参数

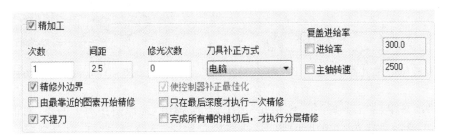

图 5.103　设置精加工参数

（8）单击顶部工具栏中的等角视图按钮,单击加工操作管理器中的"选择所有加工"操作按钮 🔧,单击"验证已选择"按钮 🔲,弹出验证实体加工模拟对话框,单击执行按钮 ▶,模拟加工结果如图 5.104 所示,单击"确定"按钮,结束模拟验证操作。

图 5.104　模拟验证实体结果

（9）选择菜单栏中的"文件"→"另存为"命令,以"5-1 挖槽加工.MCX"保存文件。

4. 钻孔加工操作步骤

（1）单击菜单栏"文件"→"打开文件"命令,打开"D:/MasterCAM 项目三"文件夹中,文件名为"5-1 挖槽加工.MCX"的文件。

（2）单击菜单栏"刀具路径"→"钻孔"加工命令,弹出"选择钻孔加工的点"对话框,手动选择 ϕ5 的圆心,单击"确定"按钮,结束钻孔点的选择。

（3）系统弹出"2D 刀具路径—钻孔/全圆铣削"对话框,选择"刀具"选项,在刀具栏空白区内单击鼠标右键,在弹出的菜单中选择从刀具库选择刀具命令,系统弹出刀具库对话框,选择 ϕ5 钻头,单击加入按钮,单击"确定"按钮,结束刀具的选择。选择 ϕ5 点钻设置刀具参数,如图 5.105 所示。

（4）选择"切削参数"选项,选择钻孔循环方式为"Drill/Counter bore（钻通孔或镗孔循环）"。

（5）选择"共同参数"选项,设置钻孔深度为 −15.5。单击"补正方式"选项卡,设置贯穿距离为 3,刀尖角度为 120,如图 5.106 所示,单击"确定"按钮,完成刀具路径的设置。

图 5.105　钻孔参数设置

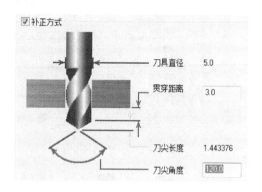

图 5.106　设置补正方式

（6）单击菜单栏"刀具路径"→"钻孔"加工命令，弹出"选择钻孔加工的点"对话框，选择"选取图素"，选择直径为 20 的圆的圆周，选择确定按钮，系统弹出"2D 刀具路径－钻孔/全圆铣削"对话框，选择"全圆铣削"，如图 5.107 所示。

图 5.107　"全圆铣削"刀具路径选择

（7）选择"刀具"选项，在刀具栏空白区内右击，在弹出的菜单中选择从刀具库选择刀具命令，选择直径为 10 的平底刀，单击确定按钮，把鼠标指针放在刚选择的刀具上，右击，选择"编辑刀具"，弹出"定义刀具"对话框，并设置刀具参数，如图 5.108 所示。

（8）选择"共同参数"选项，设置深度为－15.5。

（9）选择"深度切削"，按照如图 5.109 所示设置。选择"贯穿"设置贯穿距离为 2。

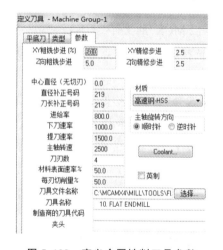

图 5.108　定义全圆铣削刀具参数

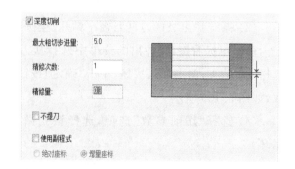

图 5.109　"深度切削"设置

（10）单击顶部工具栏中的等角视图按钮，单击加工操作管理器中的"选择所有加工"操作按钮 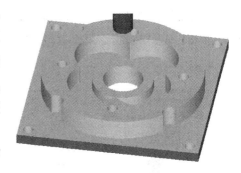，单击"验证已选择"按钮 ，弹出验证实体加工模拟对话框，单击执行按钮 ，模拟加工结果如图5.110所示，单击"确定"按钮，结束模拟验证操作。

（11）选择菜单栏中的"文件"→"另存为"命令，以"5-1 钻孔加工.MCX"保存文件

图 5.110 实体加工模拟结果

5. 雕刻加工步骤

（1）单击菜单栏"文件"→"打开文件"命令，打开"D:/MasterCAM 项目三"文件夹中，文件名为"5-1 钻孔加工.MCX"的文件。

（2）选择绘图面会俯视图，在顶部菜单栏中选择"绘图"→"L 绘制文字"，弹出"绘制文字"设置框，字型选择"真实字体"，文字内容写"CNC"，文字对齐方式选择"圆弧底部"，高度参数设置 5，圆弧半径 33，如图 5.111 所示。选择坐标原点为圆心，文字如图 5.112 所示。

图 5.111 绘制文字参数设置

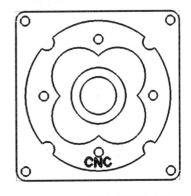

图 5.112 圆弧底部放置文字

（3）单击菜单栏"刀具路径"→"雕刻"加工命令，弹出"串连选择"对话框，选择穿选按钮 ，框选文字"CNC"，单击"C"上一点作为搜寻点，单击"确定"按钮，结束串连的选择。

（4）系统弹出"Engraving"雕刻对话框，选择"刀具"选项，在刀具栏空白区内单击鼠标右键，在弹出的菜单中选择新建刀具命令，系统弹出定义刀具对话框，选择雕刻刀具，设置刀具直径为 0.2，如图 5.113 所示。选择参数设置，进给率:800，下刀速率:1000，提到速率:1500，主轴转速:2500，单击确定按钮。选择"雕刻加工参数"选项卡，设置深度为－1，单击确定按钮。

（5）选择"粗切/精修参数"选项卡，勾选"粗加工"选项，单击确定按钮。单击顶部工具栏中的等角视图按钮，单击加工操作管理器中的"选择所有加工"操作按钮 ，单击"验证已

选择"按钮，弹出验证实体加工模拟对话框，单击执行按钮▶，模拟加工结果如图5.114
所示，单击"确定"按钮，结束模拟验证操作。

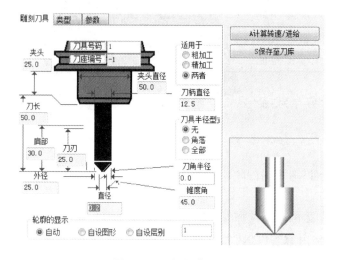

图 5.113　定义雕刻刀　　　　　　　　图 5.114　雕刻仿真模拟结果

（6）选择菜单栏中的"文件"→"另存为"命令，以"5-1 钻孔加工.MCX"保存文件。

◀ 项目四　　曲面模型的创建与编辑 ▶

【教学提示】

本项目主要介绍 MasterCAM 创建曲面造型各种命令的使用方法及常用曲面编辑命令
的使用方法和步骤。

【项目任务一】

绘制如图 5.115 所示的曲面模型，并将其保存在"D:/MasterCAM 项目四"文件夹中，
文件名为"5-115 举升曲面.MCX"。

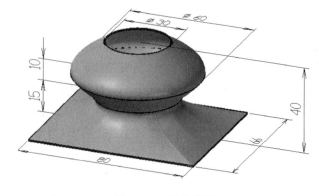

图 5.115　举升曲面

【任务分析】

本项目要求在四个不同高度分别建立四个截面,由于圆形截面没有四个端点,故要把三个圆形打断成和矩形截面端点数目相同,再利用"直纹/举升曲面"创建曲面造型。

任务一 掌握直纹举升曲面

1. 认识线架造型和曲面造型的方法

MasterCAM 的三维造型包括三种基本方法:实体造型、曲面造型、线架造型,分别从不同的角度来描述物体的外形与特征。

(1)线架造型是用点、线、圆弧、曲线描述二维或三维物体的轮廓或横断面,不具有面和体的特征,因此不能进行消隐和渲染等操作。

(2)曲面造型由一定数量的曲面断面组成,描述三维物体的表面特征。曲面造型一般由线架造型经过处理得到。

(3)实体造型具有一般实体的基本属性,能清楚地表达物体的体积、形状及表面特征等,且具有体的特征,能进行布尔运算、生成刀具路径等各种体的操作。

本模块项目主要采用线架造型和曲面造型方式。

2. 掌握直纹/举升曲面

使用"直纹/举升曲面"命令可以将多个截面图形按一定的算法顺序连接起来形成曲面,若每个截面图形之间用曲线相连则称为举升曲面;若每个截面图形之间用直线相连,则称为直纹曲面。要求每个截面的端点数目要相同。

绘制直纹曲面的步骤如下:

(1)在相互平行的几个平面上绘制不同的创建直纹/举升曲面的截面的曲线。

(2)选择"绘图"→"曲面"→"直纹/举升曲面"命令,或单击"曲面"工具栏中的"直纹/举升曲面"按钮 ,弹出"串连选项"对话框。

(3)系统提示"举升曲面定义外形 1"。

(4)单击"串连"按钮,选取第一个截面上的图形,注意起始端点上显示一个箭头位置和方向。

(5)系统提示"举升曲面定义外形 2"再选取第二个上面的图形,图素反白,注意两次起始点在同一位置,两个箭头方向一致。以此类推,选取其他截面上的图形,注意起始点的卫士和方向。

(6)单击对话框中的"确定"按钮,显示"直纹/举升曲面"工具栏。

(7)单击工具栏中的"直纹曲面"按钮 ,或者单击"举升曲面"按钮 ,单击"完成"按钮。

【项目实施】绘制如图5.115所示的举升曲面

举升曲面创建步骤如下。

1. 建立四个截面

(1) 启动 MasterCAMX4 软件,建立新的文件,名称"5-115 举升曲面. MCX"。

(2) 单击层别管理器,设置四个图层,分别为 1:粗实线,2:标注,3:打断,4:曲面,如图 5.116 所示。

次数	突显	名称
1	×	粗实线
2	×	标注
3	×	打断
4	×	曲面

图 5.116 层别管理

(3) 选择图层 1,线型为实线,线宽为粗实线。构图面:俯视图 T,构图深度 $Z=0$,绘制 80×66 矩形,定位基准点矩形中心,捕捉原点。

(4) 构图面:俯视图 T,2D,构图深度 $Z=15$,绘制 $\phi 40$ 的圆,定位基准点矩形中心,捕捉原点。

(5) 构图面:俯视图 T,2D,构图深度 $Z=25$,绘制 $\phi 60$ 的圆,定位基准点矩形中心,捕捉原点。

(6) 构图面:俯视图 T,2D,构图深度 $Z=40$,绘制 $\phi 30$ 的圆,定位基准点矩形中心,捕捉原点。

2. 打断圆弧

(1) 选择图层 3,构图面:俯视图 T,2D,构图深度 $Z=15$,从原点引出 45°、135°、225°、315°的射线,选择在交点处打断工具，选择刚才绘制的四条射线和 $\phi 40$ 的圆,选择确定按钮，整圆被打断成四段。

(2) 选择图层 3,构图面:俯视图 T,2D,构图深度 $Z=25$,从原点引出 45°、135°、225°、315°的射线,选择在交点处打断工具，选择刚才绘制的四条射线和 $\phi 60$ 的圆,选择确定按钮，整圆被打断成四段。

(3) 选择图层 3,构图面:俯视图 T,2D,构图深度 $Z=15$,从原点引出 45°、135°、225°、315°的射线,选择在交点处打断工具，选择刚才绘制的四条射线和 $\phi 30$ 的圆,选择确定按钮，整圆被打断成四段。

3. 建立举升曲面

(1) 选择图层 4,不突显图层 3,等视图观察。

(2) 选择"绘图"→"曲面"→"直纹/举升曲面"命令,选择"串连选择"命令,从下到上,依次单击四个截面,注意起始点的位置和方向,如图 5.117 所示。单击"确定"按钮,选择"举升曲面"按钮，建立如图 5.118 所示举升曲面。

图 5.117 定义外形

图 5.118　举升曲面

【项目任务二】

绘制如图 5.119 所示的曲面模型,并将其保存在"D:/MasterCAM 项目四"文件夹中。

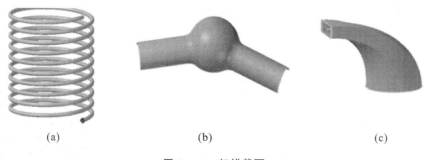

(a)　　　　　　　　　　(b)　　　　　　　　　　(c)

图 5.119　扫描截面

【任务分析】

本项目中三个零件的曲面造型具有共同特点:一个封闭曲线或开放的曲线沿着一条或两条路径移动形成该曲面造型。根据 MasterCAM 提供的扫描绘制方法,图 5.119(a)、(b)、(c)三个图形分别采用"一截一轨"、"两轨一截"、"两截一轨"扫描曲面方法绘制图形。

任务二　掌握扫描曲面

扫描截面是由几个截面方向外形沿着几个引导方向外形平移、旋转创建的曲面。

可绘制出多种不同的曲面,系统设置两个方向的外形,即截面方向外形和引导方向外形。可用截面外形和引导方向(扫描轨迹)串连的组合来定义一个扫描截面方向。

创建扫描曲面选择扫描方向和截面方向有以下三种形式,不能选择两个扫描方向和两个横截面方向。

(1) 1Across/1Along:一个截面方向外形和一个引导方向外形绘制扫描面。该曲面是沿着引导方向外形平移截面外形,创建扫描曲面,即"一截一轨"扫描曲面。

(2) 1Across/2Along:用一个截面方向外形和两个引导方向外形创建的扫描面。该曲面是截面方向外形随着两个引导方向外形创建曲面,即"两轨一截"扫描曲面。

(3) Across/1Along:用两个截面方向和一个引导方向外形来绘制扫描面。该曲面是两个截面方向沿着一个引导方向外形创建扫描曲面,即"两截一轨"扫描曲面。

具体操作方法见项目实施。

【项目实施】

1. 绘制如图 5.119(a)所示的扫描曲面

"一截一轨"扫描曲面创建步骤如下。

1)建立扫描轨迹

(1) 启动 MasterCAM X4 软件,建立新的文件,名称"5-119 扫描曲面(a).MCX"。

(2) 单击层别管理器,设置三个图层,分别为 1:扫描轨迹,2:扫描截面,3:扫描曲面。

(3) 选择图层 1,线型为实线,线宽为粗实线,颜色设置为黑色。构图面:俯视图 T,构图深度 $Z=0$,2D。

(4) 单击顶部菜单栏"绘图"→"绘制螺旋线(锥度)"命令,弹出螺旋线设置对话框,按照下图 5.120 所示设置个参数,捕捉原点为基准点。等视图观察如图 5.121 所示。

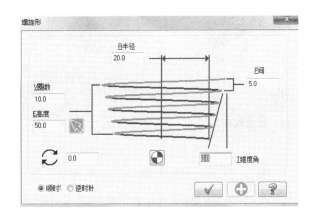

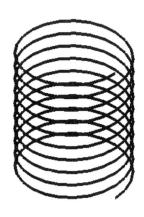

图 5.120　"螺旋线"参数设置

图 5.121　螺旋线

2)建立扫描截面

(1) 选择图层 2,线型为实线,线宽为粗实线,颜色设置为黑色。构图面:前视图 F,构图深度 $Z=0$,2D。

(2) 单击顶部菜单栏"圆心+点"绘制圆,半径 1,圆心坐标(20,0),等视图观察结果如图 5.122 所示。

3)创建扫描曲面

(1) 选择图层 3,颜色为绿色,构图面:俯视图 T。

(2) 选择"绘图"→"曲面"→"扫描曲面"命令,弹出"定义截面方向外形",串连选择第(2)步绘制的圆形截面,选择确定。

(3) 弹出"定义引导方向外形",串连选择第(1)步绘制的螺旋线,选择确定。单击"2 旋转"按钮，单击"确定"按钮,完成扫描曲面如图 5.123 所示。存盘。

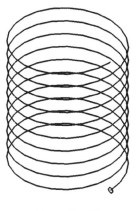

图 5.122　圆

图 5.123　扫描曲面(a)

2. 绘制如图 5.119(b)所示的扫描曲面

"两轨一截"扫描曲面创建步骤如下。

(1) 启动 MasterCAM X4 软件,建立新的文件,名称"5-119 扫描曲面(b).MCX"。

(2) 单击层别管理器,设置三个图层,分别为 1:线框,2:标注尺寸,3:扫描曲面。选择图层 1,绘制如图 5.124 的线框图形,这里就不再重复。

(3) 选择图层 3,颜色为绿色。选择"绘图"→"曲面"→"扫描曲面"命令,弹出"定义截面方向外形""串连选择"对话框,单击"单体"图标 ,单击扫描截面,如图 5.125 所示。

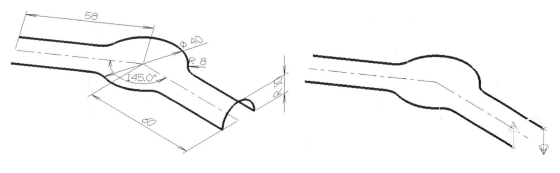

图 5.124　线框图形　　　　　　　　图 5.125　定义扫描截面

(4) 单击确定按钮,弹出"定义引导方向外形""串连选择"对话框,单击"部分串连"图标 ,单击第一段扫描轨迹的起始段,如图 5.126(a)所示,再顺着箭头引导方向单击第一段轨迹的结束段如图 5.126(b)所示,完成第一段轨迹的选择;用同样的方法,完成第二段轨迹的选择,如图 5.126(c)所示。

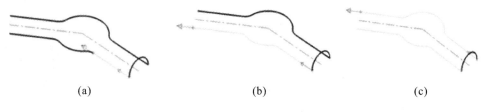

(a)　　　　　　　　　　(b)　　　　　　　　　　(c)

图 5.126　定义扫面轨迹

图 5.127 扫描曲面

（5）单击确定按钮，选择顶部"两条轨迹"按钮 ![icon] 方式创建扫描曲面，单击确定按钮，结果如图 5.127 所示。存盘。

3. 绘制如图 5.119(c)所示的扫描曲面

"两截一轨"扫描曲面创建步骤如下。

（1）启动 MasterCAM X4 软件，建立新的文件，名称"5-119 扫描曲面(c).MCX"。

（2）单击层别管理器，设置三个图层，分别为 1：线框，2：标注尺寸，3：扫描曲面，4：打断。选择图层 1，绘制如图 5.128 的线框图形，这里就不再重复。

（3）选择图层 4：打断，颜色为黑色，不显示图层 2。打断圆弧成四个端点，构图平面：俯视图 T，2D，Z＝0，绘制如图 5.129 所示两条水平线与圆弧相交。选择在交点处打断图标 ![icon]，选择刚绘制的水平线和圆，单击确定按钮。

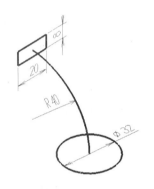

图 5.128 线框图形

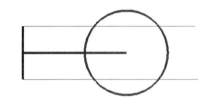

图 5.129 打断圆

（4）选择图层 3，不显示图层 2 和图层 4，颜色为绿色。选择"绘图"→"曲面"→"扫描曲面"命令，单击"2 旋转"按钮 ![icon]，确定扫描方式。串连选择第一个截面，如图 5.130(a)所示，注意起点位置和方向，弹出"定义截面段落 2"，继续串连选择圆形，注意起点位置和方向，如图 5.130(b)所示。

（5）单击确定，弹出"定义引导方向外形"，串连选择半径为 40 的圆弧，单击确定按钮，建立如图 5.131 所示扫描曲面。存盘。

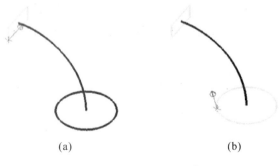

(a)   (b)

图 5.130 定义两个扫描截面

图 5.131 扫面截面

【项目任务三】

绘制如图 5.132 所示的曲面模型,并将其保存在"D:/MasterCAM 项目四"文件夹中,文件名为"5-132 网状曲面.MCX"。

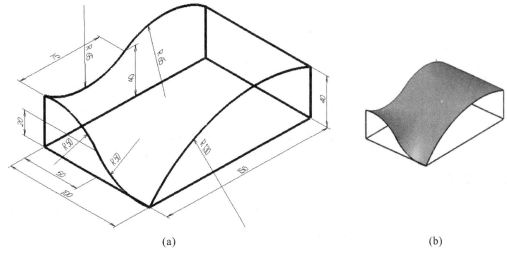

(a)   (b)

图 5.132   网状曲面

【任务分析】

本项目曲面造型不规则,曲面边界轮廓清晰,故采用"网状曲面"建立该模型。

任务三   掌握网状曲面

1. 认识网状曲面

网状曲面是由一些相交的边界线(直线、曲线、圆弧、串连等)构建而成的曲面,用于创建变化多样、形状复杂的自由曲面。网状曲面至少由 3 条边界线构成,分成两个方向:一个顺方向,一个为交方向。

2. 网状曲面创建

选择"绘图"→"曲面"→"网状曲面"命令,或单击工具栏网状曲面 ⊞ 图标,显示"网状曲面"工具栏,依次选择一个方向上的线段,再选择另一个方向上的线段。

具体操作方法见下面项目实施。

【项目实施】网状曲面创建

网状曲面的创建步骤如下。

(1)启动 MasterCAM X4 软件,建立新的文件,名称"5-132 网状曲面.MCX"。

(2)单击层别管理器,设置三个图层,分别为 1:线框,2:曲面,3:尺寸标注。选择图层 1,绘制如图 5.132(a)所示的线框图形,这里就不再重复。

（3）选择图层2，颜色为绿色，等视图观察。选择"绘图"→"曲面"→"网状曲面"命令，或单击工具栏网状曲面 ⊞ 图标。弹出串连选项对话框，选择"串连选择"，按照图5.133所示(a)(b)(c)(d)的顺序依次选择图素，注意选择顺序、起始点位置及方向。单击确定按钮，生成如图5.132(b)所示网状曲面。存盘。

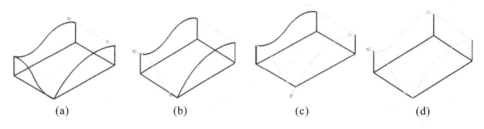

(a) (b) (c) (d)

图5.133 按方向顺序选择网状曲面

【项目任务四】

绘制如图5.134所示的叶轮曲面模型，并将其保存在"D:/MasterCAM 项目四"文件夹中，文件名为"5-134围篱曲面.MCX"。

图5.134 叶轮曲面

【任务分析】

本项目中叶轮主体部分由"旋转曲面"创建，叶片和旋转曲面垂直，故采用"围篱曲面"创建。

任务四 掌握围篱曲面

1. 认识围篱曲面

围篱曲面是通过曲面上的一条曲线，构建一个直纹曲面，该直纹曲面与原曲面可以是垂直的，也可以是制定角度的，可以是两端相同的，也可以是变化的。

2. 围篱曲面创建

选择"绘图"→"曲面"→"围篱曲面"命令，或单击工具栏围篱曲面 🐾 图标，显示"围篱曲面"工具栏。

具体操作方法见下面项目实施。

【项目实施】网状曲面创建

1. 围篱曲面创建步骤

(1) 启动 MasterCAM X4 软件,建立新的文件,名称"5-134 围篱曲面.MCX"。

(2) 单击层别管理器,设置三个图层,分别为1:线框,2:曲面,3:尺寸标注。选择图层1,绘制如图5.135(a)所示的线框图形,这里就不再重复。

(3) 选择图层2,颜色为绿色,等视图观察。选择"绘图"→"曲面"→"旋转曲面"命令,或单击工具栏网状曲面 图标。弹出串连选项对话框,选择"串连选择",选择如图5.135(b)所示的串连图素,选择确定按钮;选择中间直线作为回转轴线,单击选定按钮,生成如图5.135(c)所示旋转图形。

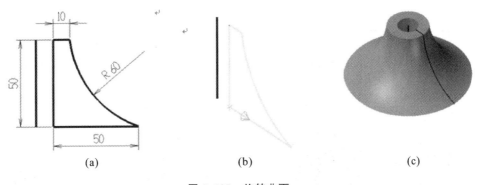

(a)   (b)   (c)

图 5.135 旋转曲面

(4) 选择图层1,颜色为黑色,前视图观察。选择直线绘制工具,通过原点,绘制如图5.136(a)所示位置的直线。选择菜单栏"转换"→"投影",选择刚才绘制的直线,投影到旋转的曲面上,如图5.136(b)所示,右键清除颜色。

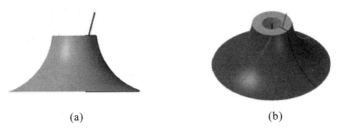

(a)   (b)

图 5.136 投影直线

(5) 选择图层2,颜色为绿色,等视图观察,绘图平面选为俯视图。选择"绘图"→"曲面"→"围篱曲面"命令,或单击工具栏围篱曲面 图标,显示"围篱曲面"工具栏。选择旋转圆弧生成的曲面,弹出"串连选择",选择刚才投影生成的曲面上的曲线,输入高度15,生成如图5.137(a)所示图形。单击菜单栏"转换"→"旋转"命令,选择刚生成的围篱曲面。单击确定按钮,弹出旋转设置对话框,如图5.137(b)所示。单击确定按钮,右键清除颜色,如图5.137(c)所示。存盘。

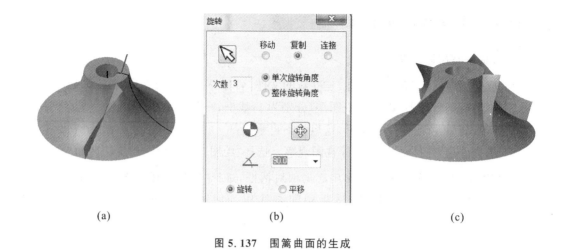

(a)　　　　　　　　　　　　　　(b)　　　　　　　　　　　　　　(c)

图 5.137　围篱曲面的生成

2. 绘制肥皂盒模型

绘制如图 5.138 所示的肥皂盒模型,并将其保存在"D:/MasterCAM 项目四"文件夹中,文件名为"5-138 肥皂盒.MCX"。

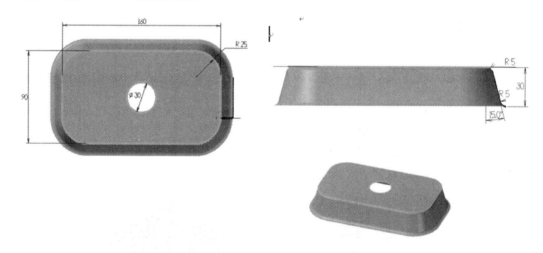

图 5.138　肥皂盒

肥皂盒曲面模型使用主体曲面特征由牵引曲面生成,后续需要曲面倒圆角,平面修整,曲面修整完成模型的最终建立。

任务五　曲面编辑

1. 曲面倒圆角

曲面倒圆角有三种类型:曲面与平面、曲面与曲线、曲面与曲面。

1) 曲面与平面倒圆角

该功能是在曲面和平面之间创建一个或多个倒圆角曲面,每个圆角可定义一个半径,位于两个面相交线上,并正切于选取的曲面上。

2）曲面与曲线倒圆角

该功能是在曲线和曲面之间创建一个或多个倒圆角曲面,每个圆角可定义一个半径,位于串连的曲线上,并正切于被选的曲面上。

3）曲面与曲面倒圆角

该功能绘制一个或多个倒圆角曲面,每个曲面正切于两个曲面,系统提示要选择两套曲面,试图在第一套曲面与第二套曲面间创建倒圆角曲面,也可选取一套曲面,单必须至少包含两个曲面。用一套曲面,系统会在该涛曲面的每个曲面间创建倒圆角曲面。

在有些情况下,只有一套曲面圆角时更耗时间,例如,若有多个曲面壁和一个单一地板面作为单套,系统寻找壁与壁及壁与地板间的郊县。但是,用户选择的壁作为一套曲面,地板作为第二套曲面,系统只要在每个曲面壁和地板间寻找交线。

2. 曲面修剪

曲面修剪是根据指定的参照减去曲面上多余的部分。根据参数对象的不同,可以选择修剪曲面的不用操作:修剪至曲线、修剪至平面、修剪至曲面。

1）修剪至曲线

若修剪曲线不位于曲面上,系统会将曲线投影至曲面上,直到曲线与曲面相交时才能进行修剪。

2）修剪至平面

采用不同的平面选择方式修剪曲面。

3）修剪至曲面

使用该功能可在两套曲面之间修剪曲面。一套曲面只能包括一个曲面,且修剪一套或两套曲面。

3. 平面修剪

使用该命令可以对一个封闭的边界曲线内部进行填充后生成平面的曲面。

【项目实施】肥皂盒曲面创建

肥皂盒曲面创建步骤如下。

(1) 启动 MasterCAM X4 软件,建立新的文件,名称"5-138 肥皂盒曲面.MCX"。

(2) 单击层别管理器,设置图层,分别为 1:线框,2:曲面。选择图层 1,颜色为黑色,构图面:俯视图,绘制 90×160,倒角 R25 的矩形线框,和 $\phi 30$ 的圆。

(3) 择图层 2,颜色为绿色,等视图观察。选择"绘图"→"曲面"→"牵引曲面"命令,或单击工具栏牵引曲面 ◈ 图标。弹出串连选择,选择刚绘制的线框,单击确定,向下牵引,牵引高度 30,牵引角度 15°,如图 5.139(a)所示,结果如图 5.139(b)所示。

(4) 选择"绘图"→"曲面"→"平面修剪"命令,或单击工具栏平面修剪 图标。弹出串连选择,选择俯视平面上的矩形和圆,结果如图 5.140 所示。存盘。

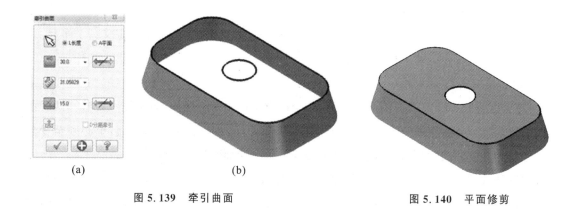

(a)　　　　　　　　　　　　(b)

图 5.139　牵引曲面　　　　　　　　　　图 5.140　平面修剪

◀ 项目五　三维曲面加工 ▶

【教学提示】

　　三维加工刀具路径(3D)的概念与二维加工刀具路径基本相同,都是用于产生刀具相对于工件的运动轨迹及生成数控加工代码,但是三维加工刀具路径的生成要复杂得多,而且必须是在构造出的曲面上生成,产生三维加工刀具路径的方法很多,MasterCAM 中分为粗加工和精加工产生三维加工刀具路径,粗加工提供了八种产生三维加工刀具路径的方法;精加工提供了十一种产生三维加工刀具路径的方法。本项目介绍几种常用的刀具路径方法,其他刀具路径方法可以自学。

【项目任务一】

　　打开"D:/MasterCAM 项目四"文件夹中文件名为"5-132 网状曲面.MCX"的曲面模型,完成该零件模型的加工,毛坯尺寸为 100×150×60,材料为铸铝。如图 5.141 所示,并将其保存在"D:/MasterCAM 项目五"文件夹中,文件名为"5-141 平行加工.MCX"。

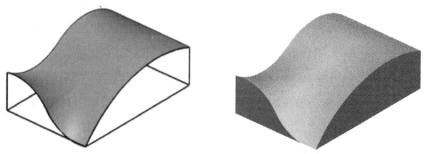

图 5.141　平行加工

【任务分析】

该任务中的曲面形状适合曲面加工平行铣削粗精加工,掌握曲面粗精加工刀具路径参数的概念,学会设置各参数,完成该曲面模型的加工。

任务一 掌握曲面加工——平行铣削加工

1. 认识曲面平行铣削加工

曲面平行铣削加工用于产生某一种特定角度的平行的刀具路径来切削曲面,是一种通用和常用的加工形式,适合各种形态的曲面加工。曲面平行铣削分为粗加工和精加工两种形式,粗加工是分层平行切削加工方法,加工完毕的工件表面刀路呈平行条纹状,刀路计算时间长,提刀次数多,粗加工时加工效率低。平行精加工与粗加工类似,区别在于无深度方向的分层控制,对坡度小的曲面加工效果较好,遇有陡斜面需控制加工角度,可作为精加工阶段的首选刀路。

2. 曲面加工公用参数设置

加工中的参数这项分为两大类:一类是道具参数;另一类是加工参数。三维加工刀具参数的设定方法和二维加工刀具参数的设定方法相同;三维加工中参数的概念和设定方法同二维加工的参数的设定方法。此处介绍三维加工中特有的加工概念及其设定方法。

如图 5.142 所示,"曲面加工参数"对话框中,安全高度、参考高度、进给下刀位置和工件表面的参数含义和二维加工参数概念相同,注意三维加工中多用"绝对坐标"来定义工件表面高度,"增量坐标"来定义其他高度。"加工面预留量"指可为精加工留出加工余量。

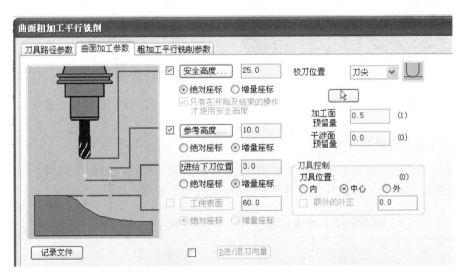

图 5.142 曲面加工参数

3. 粗加工平行铣削参数

如图 5.143 所示为粗加工平行铣削参数的设置。各参数含义如下。

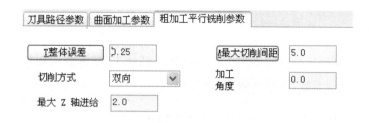

图 5.143　粗加工平行铣削参数

"整体误差"输入框用来设置刀具路径与几何模型的精度误差。误差值设置得越小,加工得到的曲面越接近几何模型,但加工速度较低,为了提高加工速度,在粗加工中其值可稍大一些。一般粗加工:0.1-0.5;半精加工:0.05-0.1;精加工:0.01-0.05。

"最大切削间距"输入框用来设置两相邻切削路径层间(XY 方向)的最大距离。该设置值必须小于刀具的直径(一般为刀具直径的 0.5-0.75)。这两个值设置得越大,生成的刀具路径数目越少,加工结果越粗糙;设置得越小,生成的刀具路径数目越多,加工结果越平滑,但生成刀具路径的时间较长。

"切削方式"下拉列表框用来设置刀具在 X-Y 方向的走刀方式。可以选择"双向"或"单向"走刀方式。当选择单向走刀方式时,加工时刀具只能沿一个方向进行切削;当选择双向走刀方式时,加工中刀具可以往复切削曲面。如图 5.144 所示

"加工角度"用来设置加工角度,加工角度是指刀具路径与构图平面 X 轴的夹角。定位方向为:0°为+X,90°为+Y,180°为-X,270°为-Y,360°为+X。如图 5.145 所示。

"最大 Z 轴进给"用于设置在 Z 轴方向上相邻铣削层之间的距离。一般为 0.5-2.0。

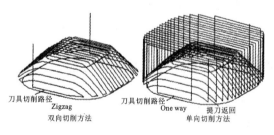

图 5.144　切削方式

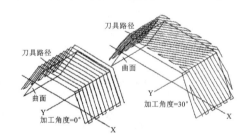

图 5.145　加工角度

4. 精加工平行铣削参数

如图 5.146 所示精加工平行铣削参数,各参数的含义和概念与粗加工相同,一般精加工参数设置的值比粗加工参数设置的值要小,从而提高加工精度。

图 5.146　精加工平行铣削参数

【项目实施】平行加工的创建

平行铣削粗精刀具路径设置步骤如下。

(1) 单击菜单栏"文件"→"打开文件"命令，打开"D：/MasterCAM 项目四"文件夹中，文件名为"5-132 网状曲面.MCX"的曲面模型文件。

(2) 单击菜单栏"机床类型"→"铣削"命令，此例中使用"默认"，用户可根据工厂实际需要选择加工设备。

(3) 在刀具管理器内的"属性"子菜单中，单击"材料设置"命令，弹出"机器群组属性"对话框，并默认显示"材料设置"选项卡。按照图 5.147 所示参数完成毛坯的设置。

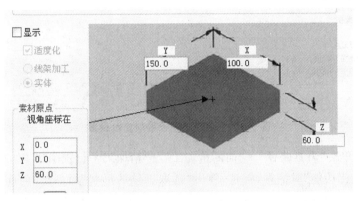

图 5.147　毛坯设置

(4) 单击菜单栏"刀具路径"→"曲面粗加工"→"粗加工平行铣削加工"，弹出"全新的 3D 高级刀具路径优化功能"对话框，勾选，弹出"选取工件的形状"对话框，勾选"未定义"，选择待加工曲面为已绘制好的曲面，弹出"曲面粗加工平行铣削"对话框。

(5) 选择"刀具路径参数"选项卡，选择 ϕ8 的 242 号球刀，设置进给速度 500，主轴转速 2500，下刀速率 400，提刀速率 600。

(6) 选择"曲面加工参数"选项卡，按照图 5.148 所示，设置安全高度为增量坐标 25，参考高度为增量坐标 10，进给下刀位置为增量坐标 3，加工面预留量为 0.5。

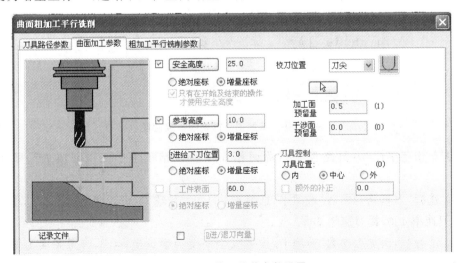

图 5.148　曲面公共参数设置

（7）选择"粗加工平行铣削参数"选项卡，按照图 5.149 所示，设置整体误差为 0.25，最大切削间距 3，切削方式为双向，加工角度为 0，最大 Z 轴进给为 2。

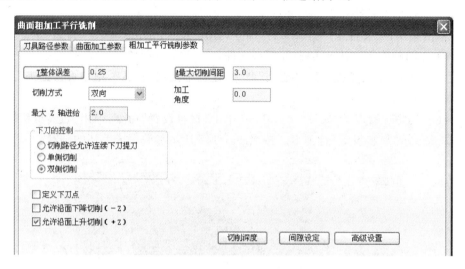

图 5.149　粗加工平行铣削参数设置

（8）单击菜单栏"刀具路径"→"曲面精加工"→"精加工平行铣削加工"，弹出"全新的 3D 高级刀具路径优化功能"对话框，勾选，弹出"选取工件的形状"对话框，勾选"未定义"，选择待加工曲面为已绘制好的曲面，弹出"曲面精加工平行铣削"对话框。

（9）选择"刀具路径参数"选项卡，选择 φ6 的 240 号球刀，设置进给速度 500，主轴转速 2500，下刀速率 400，提刀速率 600。

（10）选择"曲面加工参数"选项卡，设置安全高度为增量坐标 25，参考高度为增量坐标 10，进给下刀位置为增量坐标 5，加工面预留量为 0.2。

（11）选择"精加工平行铣削参数"选项卡，按照图 5.150 所示，设置整体误差为 0.02，最大切削间距 1.2，切削方式为双向，加工角度为 0。

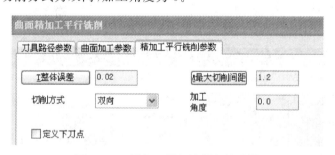

图 5.150　精加工平行铣削参数设置

（12）单击菜单栏"刀具路径"→"曲面精加工"→"精加工平行铣削加工"，操作方式同上。

（13）选择"刀具路径参数"选项卡，选择 φ3 的 237 号球刀，设置进给速度 500，主轴转速 2500，下刀速率 400，提刀速率 600。

（14）选择"曲面加工参数"选项卡，设置安全高度为增量坐标 25，参考高度为增量坐标 10，进给下刀位置为增量坐标 5，加工面预留量为 0。

（15）选择"精加工平行铣削参数"选项卡，设置整体误差为 0.02，最大切削间距 1.2，切削方式为双向，加工角度为 90。

（16）单击加工操作管理器中的"选择所有加工"操作按钮，单击"验证已选择"按钮，弹出验证实体加工模拟对话框，单击"执行"按钮，模拟加工结果如图 5.151 所示，单击"确定"按钮，结束模拟验证操作。

（17）选择菜单栏中的"文件"→"另存为"命令，以"5-141 平行加工.MCX"保存文件。选择"操作管理"中的"刀具路径"选项卡，单击选项中"后处理"按钮，弹出

图 5.151　平行铣削加工曲面

"后处理程式"对话框，勾选"NC 文件"和"NCI 文件"复选框，单击"确定"按钮，设置 NC 程序保存路径，生成程序代码，保存 NC 文件，用户可以在此基础上进行优化程序。

【项目任务二】

完成如图 5.152 所示的奔驰图标造型建立，并完成该零件模型的加工，毛坯尺寸 100×100×30 mm，材料为铸铝。

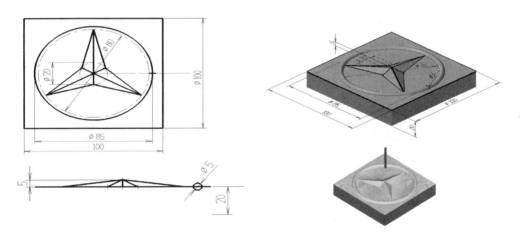

图 5.152　奔驰图标

【任务分析】

首先根据曲面形状，选择合适的方法建立曲面模型；任务二中的曲面形状适合曲面加工放射状粗精加工，掌握曲面粗精加工刀具路径参数的概念，学会设置各参数，完成该曲面模型的加工。

任务二　掌握曲面加工——放射状铣削加工

1. 认识曲面放射状削加工

放射状加工生成中心向外扩散的刀具轨迹。这种方式生成的刀具路径在平面上是呈离

散变化的,越靠近原点处刀间距越小,越远离原点处间距越大,因此,这种加工方式适用于球形及具有放射特征的工件加工。

2. 粗加工放射状加工参数

如图 5.153 所示为粗加工放射状铣削参数的设置。各参数含义如下。

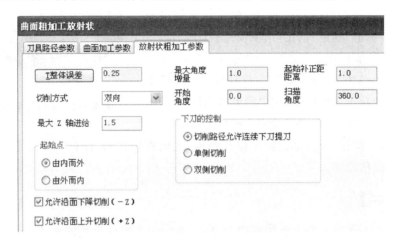

图 5.153　放射状粗加工参数设置

"最大角度增量"用于设置刀具路径中心的各个路径之间的最大角度。

"起始补正距离"用于从选择的点补正放射状粗加工刀具路径的中心。

"开始角度"设置放射状加工的起始角度(一般为 0 度)。

"扫描角度"设置放射状粗加工刀具路径摆动的角度(0-360 度),如果该值是一个负值,系统构建一个顺时针的摆动角度。

"起始点"用于确定放射状刀具路径起始点及其切削的方向,有以下两种选择。

1)由内向外

下刀于放射状刀具路径的起始点,并向外切削。

2)由外向内

下刀于放射状刀具路径的起始点,并向内切削。

3. 精加工放射状加工参数

精加工放射状加工参数的概念和含义和前面粗加工放射状加工参数相同。

【项目实施】奔驰图标模型加工的创建

放射状粗精刀具路径设置步骤如下。

(1)根据图 5.152 所示分图层建立曲面造型(此处略)。

(2)单击菜单栏"机床类型"→"铣削"命令,此例中使用"默认",用户可根据工厂实际需要选择加工设备。

(3)在刀具管理器内的"属性"子菜单中,单击"材料设置"命令,弹出"机器群组属性"对话框,并默认显示"材料设置"选项卡,设置毛坯为 $100 \times 100 \times 30$ 的矩形方块。

(4)单击菜单栏"刀具路径"→"曲面粗加工"→"粗加工放射状加工",弹出"全新的 3D

高级刀具路径优化功能"对话框,勾选,弹出"选取工件的形状"对话框,勾选"未定义",选择待加工曲面为已绘制好的曲面,弹出"曲面粗加工放射状"对话框。

(5)选择"刀具路径参数"选项卡,选择 $\phi 6$ 的 240 号球刀,设置进给速度 500,主轴转速2500,下刀速率 400,提刀速率 600。

(6)选择"曲面加工参数"选项卡,设置安全高度为增量坐标 25,参考高度为增量坐标10,进给下刀位置为增量坐标 5,加工面预留量为 0.5。

(7)选择"放射状粗加工参数"选项卡,按照图 5.154 所示,设置整体误差为 0.25,最大角度增量 1,起始补正距离 1,切削方式为双向,开始角度为 0,扫描角度为 360,最大 Z 轴进给 1.5。

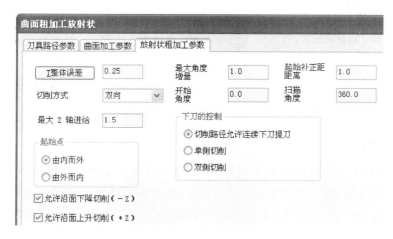

图 5.154　放射状粗加工设置

(8)单击菜单栏"刀具路径"→"曲面精加工"→"精加工放射状",弹出"全新的 3D 高级刀具路径优化功能"对话框,勾选,弹出"选取工件的形状"对话框,勾选"未定义",选择待加工曲面为已绘制好的曲面,弹出"曲面精加工放射状"对话框。

(9)选择"刀具路径参数"选项卡,选择 $\phi 6$ 的 240 号球刀,设置进给速度 500,主轴转速2500,下刀速率 400,提刀速率 600。

(10)选择"曲面加工参数"选项卡,设置安全高度为增量坐标 25,参考高度为增量坐标10,进给下刀位置为增量坐标 3,加工面预留量为 0.2。

(11)选择"放射状粗加工参数"选项卡,按照图 5.155 所示,设置整体误差为 0.05,最大角度增量 1,起始补正距离 1,切削方式为双向,开始角度为 0,扫描角度为 360。

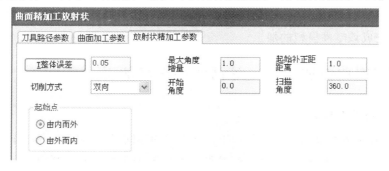

图 5.155　放射状精加工参数设置

（12）单击菜单栏"刀具路径"→"曲面精加工"→"精加工放射状"，选择 ϕ3 的 237 号球刀，其他参数不变，加工面预留量设置为 0，整体误差设置为 0.01。

图 5.156　放射状加工

（13）单击加工操作管理器中的"选择所有加工"操作按钮![button]。单击"验证已选择"按钮![button]，弹出验证实体加工模拟对话框，单击"执行"按钮![button]，模拟加工结果如图 5.156 所示，单击"确定"按钮，结束模拟验证操作。

（14）选择菜单栏中的"文件"→"另存为"命令，以"5-152 放射状加工. MCX"保存文件。选择"操作管理"中的"刀具路径"选项卡，单击选项中"后处理"按钮，弹出"后处理程式"对话框，勾选"NC 文件"和"NCI 文件"复选框，单击"确定"按钮，设置 NC 程序保存路径，生成程序代码，保存 NC 文件，用户可以在此基础上进行优化程序。

【项目任务三】

打开"D:/MasterCAM 项目四"文件夹中文件名为"5-138 肥皂盒. MCX"的曲面模型，完成该零件模型的加工，毛坯尺寸为 185×134×32，材料为铸铝。如图 5.157 所示，并将其保存在"D:/MasterCAM 项目五"文件夹中，文件名为"5-157 肥皂盒加工. MCX"。

图 5.157　肥皂盒加工

【任务分析】

首先根据曲面图形的形状，为了保证零件加工表面，质量任务三中的肥皂盒的加工需要结合二维加工和三维曲面等高外形粗精加工，掌握曲面粗精加工刀具路径参数的概念，学会设置各参数，完成该零件模型的加工。

任务三　掌握曲面加工——等高外形铣削加工

1. 认识等高外形加工

等高外形加工方式是用一系列平行于刀具平面的不同 Z 值深度的平面来剖切要加工的曲面，在每一层切削时刀具并不下降，而是像二维外形铣削的动作一样进行切削，当加工完一层，再下降一个 Z 值，用同样的方法对下一层进行切削。

2. 粗加工等高外形加工参数

如图 5.158 所示为粗加工放射状铣削参数的设置。各参数含义如下。

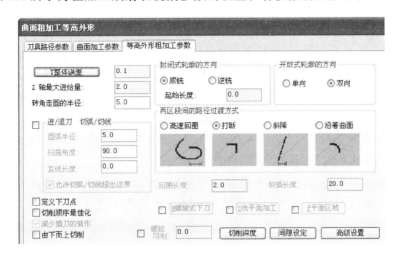

图 5.158　等高外形粗加工参数

"封闭轮廓的方向"：用于设置封闭式轮廓外形加工时，加工方式是顺铣还是逆铣。顺铣指铣刀旋转方向与铣刀相对于工件的移动方向相同。逆铣指铣刀旋转方向与铣月相对于工件的移动方向相反。

"开放式轮廓的方向"：加工开放式轮廓时，因为没有封闭，所以加工刀边界时刀具就需要转弯以避免在无材料的空间做切削动作。单向指刀具加工到边界后，提刀，快速返回到另一头，再下刀沿着下一条刀具路径进行加工。双向指刀具在顺方向和反方向都进行切削，即来回切削。

"两区段间的路径过渡方式"：当要加工的两个曲面相距很近时或一个曲面因某种原因被隔开一个距离时，就需要考虑刀具如何从这个区域过渡到另一个区域。"两区段间的路径过渡方式"选项就是用于设置当刀具移动量小于设定的间隙时，刀具如何从一条路径过渡刀另一条路径上。MasterCAM 提供了 4 种过渡方式。

（1）"高速回圈"：指刀具以平滑的方式从一条路径过渡刀另一条路径行。

（2）"打断"：将移动距离分成 Z 方向和 XY 方向两部分来移动，即刀具从间隙一边的刀具路径的终点在 Z 方向向上上升或下降刀间隙另一边的刀具路径的起点高度，再从 XY 平面内移动到所处的位置。

（3）"斜降"：它是将刀以直线的方式从一条路径过渡到另一条路径上。

（4）"沿着曲面"：它是指刀具根据曲面的外形变化趋势，从一条路径过渡到另一条路径上。

3. 精加工等高外形加工参数

精加工等高外形加工参数的设置和粗加工参数的设置基本相同。值得注意的是，采用等高精加工时，在曲面的顶部或坡度较小的位置有时不能进行切削，这时可以采用浅平面精加工来对这部分材料进行铣削。

【项目实施】肥皂盒模型加工的创建

肥皂盒加工刀具路径设置步骤如下。

（1）单击菜单栏"文件"→"打开文件"命令，打开"D:/MasterCAM 项目四"文件夹中，文件名为"5-138 肥皂盒.MCX"的模型文件。建立命名为"孔"的新图层 3，单击菜单栏"绘图"→"曲面"→"平面修剪"，选择中间 $\phi30$ 的圆弧为串连图素，补齐肥皂盒顶部平面，如图 5.159 所示。

（2）单击菜单栏"机床类型"→"铣削"命令，此例中使用"默认"，用户可根据工厂实际需要选择加工设备。

（3）在刀具管理器内的"属性"子菜单中，单击"材料设置"命令，弹出"机器群组属性"对话框，并默认显示"材料设置"选项卡，设置毛坯为 185×134×32 的矩形方块。

（4）单击菜单栏"刀具路径"→"平面铣"，选择直径为 $\phi50$ 的 270 号面铣刀，设置进给速度 200，主轴转速 2500，下刀速率 1000，提刀速率 1500。双向铣削，面铣加工共同参数设置，如图 5.160 所示。

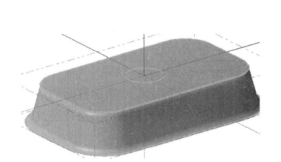

图 5.159　平面修剪后的肥皂盒

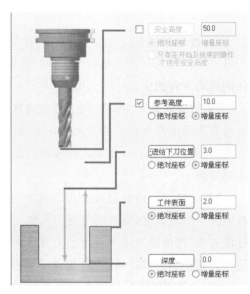

图 5.160　面铣共同参数设置

（5）单击菜单栏"刀具路径"→"曲面粗加工"→"粗加工等高外形加工"，弹出"全新的 3D 高级刀具路径优化功能"对话框，勾选，弹出"选取工件的形状"对话框，勾选"未定义"，选择待加工曲面为已绘制好的曲面，弹出"曲面粗加工等高外形"对话框。选择"刀具路径参数"选项卡，选择 $\phi10$ 的 244 号球刀，设置进给速度 400，主轴转速 2500，下刀速率 500，提刀速率 800。

（6）选择"曲面加工参数"选项卡，设置安全高度为增量坐标 25，参考高度为增量坐标 10，进给下刀位置为增量坐标 5，加工面预留量为 0.2。

（7）选择"等高粗加工参数"选项卡，按照图 5.161 所示，设置整体误差为 0.1，最大 Z 轴进给 2。

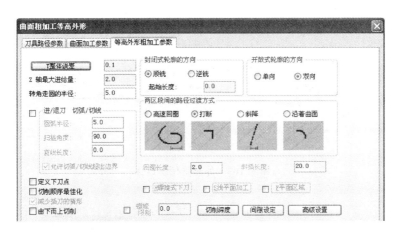

图 5.161 等高外形粗加工参数设置

（8）不显示图层 3，单击菜单栏"刀具路径"→"钻孔"，采用"全圆铣"铣中间 ϕ 30 的圆，选择直径为 ϕ 8 的 217 号平底刀，设置进给速度 300，主轴转速 2000，下刀速率 1000，提刀速率 1500。深度设置为 -30。

（9）单击菜单栏"刀具路径"→"曲面精加工"→"精加工等高外形加工"，弹出"全新的 3D 高级刀具路径优化功能"对话框，勾选，弹出"选取工件的形状"对话框，勾选"未定义"，选择待加工曲面为已绘制好的曲面，弹出"曲面精加工等高外形"对话框。选择"刀具路径参数"选项卡，选择 ϕ 5 的 239 号球刀，设置进给速度 300，主轴转速 2500，下刀速率 1000，提刀速率 1200。

（10）选择"曲面加工参数"选项卡，设置安全高度为增量坐标 25，参考高度为增量坐标 10，进给下刀位置为增量坐标 5，加工面预留量为 0。"等高外形精加工参数"设置如图 5.162 所示。

图 5.162 等高外形精加工参数设置

（11）单击菜单栏"刀具路径"→"外形铣削"，选择肥皂盒底部外形轮廓作为外形铣轮廓，如图 5.163 所示。选择刀具为 ϕ 10 的 219 号平底刀，设置进给速度 500，主轴转速 2500，下刀速率 600，提刀速率 800。"分层切削"设置如图 5.164 所示。"共同参数"如图 5.165 所示。

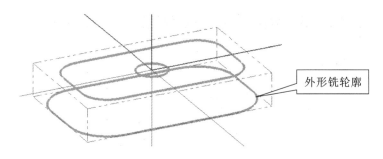

图 5.163　外形铣轮廓选择

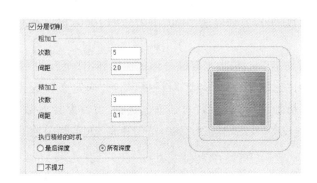

图 5.164　分层切削参数设置

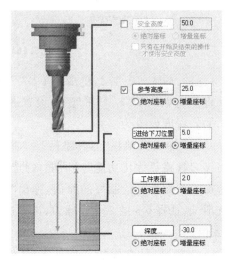

图 5.165　共同参数设置

图 5.166　肥皂盒加工

（12）单击加工操作管理器中的"选择所有加工"操作按钮。单击"验证已选择"按钮，弹出验证实体加工模拟对话框，单击"执行"按钮，模拟加工结果如图 5.166 所示，单击"确定"按钮，结束模拟验证操作。

（13）选择菜单栏中的"文件"→"另存为"命令，保存在"D：/MasterCAM 项目五"文件夹中，文件名为"5-156 肥皂盒加工.MCX"。选择"操作管理"中的"刀具路径"选项卡，单击选项中"后处理"按钮，弹出"后处理程式"对话框，勾选"NC 文件"和"NCI 文件"复选框，单击"确定"按钮，设置 NC 程序保存路径，生成程序代码，保存 NC 文件，用户可以在此基础上进行优化程序。

【习题思考】

5-1　建立如图 5.167 所示零件的实体造型；在 Mill 模块中进行二维铣削完成零件的加工，生成加工程序。毛坯尺寸 115 mm×115 mm×20.5 mm，材料为铸铝。要求完成：(1)三维模型的建立,造型要求:分图层建模。(2)二维加工,加工要求:使用 平面铣削加工、外形铣削加工、挖槽铣削加工及钻孔/全圆铣削加工方式完成零件的加工路径设置。

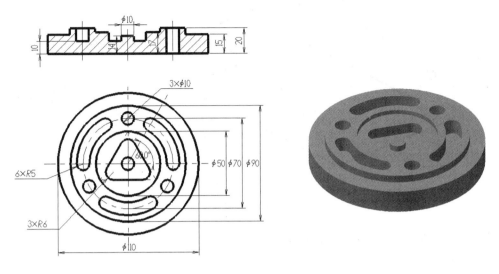

图 5.167 习题 5-1

5-2 建立如图 5.168 所示零件的实体造型;在 Mill 模块中进行二维铣削完成零件的加工,生成加工程序。毛坯尺寸 120 mm×150 mm×20.5 mm,材料为铸铝。要求完成:(1)三维模型的建立,造型要求:分图层建模。(2)二维加工,加工要求:使用 平面铣削加工、外形铣削加工、挖槽铣削加工及钻孔/全圆铣削加工方式完成零件的加工路径设置(可在零件上雕刻出自己的学号)。

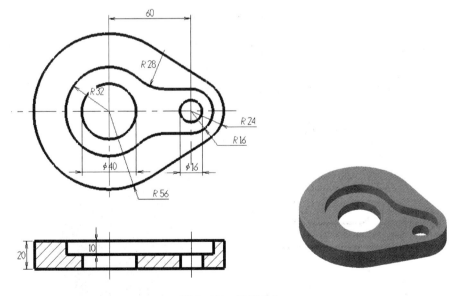

图 5.168 习题 5-2

5-3 建立如图 5.169 所示曲面造型。

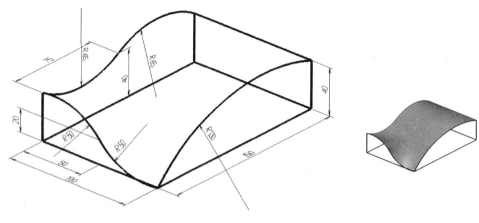

图 5.169 习题 5-3

5-4 建立如图 5.170 所示曲面造型。

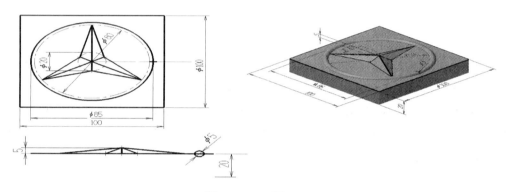

图 5.170 习题 5-4

5-5 建立如图 5.171 所示的三维造型;在 Mill 模块中进行三维铣削完成零件的加工,生成加工程序。毛坯尺寸 75 mm×80 mm×32 mm 的立方体,材料为铸铝。(1)三维模型的建立,造型要求:分图层建模。(2)三维加工,加工要求:粗精加工分开。

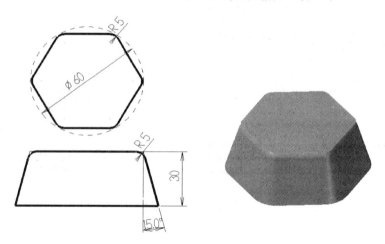

图 5.171 习题 5-5

5-6　按照图 5.172 所示线框的提示,建立如图 3 所示塑料按钮的三维造型;在 Mill 模块中进行三维铣削完成零件的加工,生成加工程序。毛坯尺寸 50 mm×35 mm×10 mm 的立方体,材料为铸铝。(1)三维模型的建立,造型要求:分图层建模。(2)三维加工,加工要求:粗精加工分开。

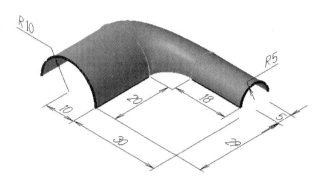

图 5.172　习题 5-6

5-7　按照图 5.173 所示线框的提示,建立塑料按钮的三维造型;在 Mill 模块中进行三维铣削完成零件的加工,生成加工程序。毛坯尺寸 42 mm×21 mm×11 mm 的立方体,材料为铸铝。(1)三维模型的建立,造型要求:分图层建模。(2)三维加工,加工要求:粗精加工分开。

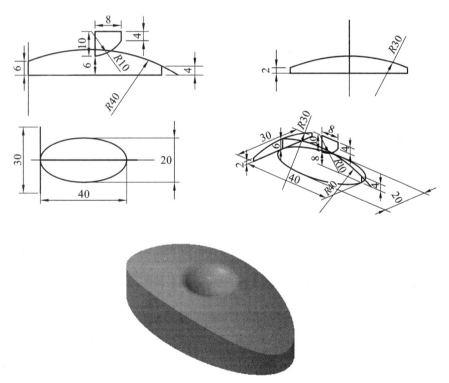

图 5.173　习题 5-7

附录 A　准备功能 G 代码

代码 (1)	功能保持到被取消或被同样字母表示的程序指令所代替 (2)	功能仅在所出现的程序段内有作用 (3)	功能 (4)	代码 (1)	功能保持到被取消或被同样字母表示的程序指令所代替 (2)	功能仅在所出现的程序段内有作用 (3)	功能 (4)
G00	a		点定位	G50	#(d)	#	刀具偏置 0/-
G01	a		直线插补	G51	#(d)	#	刀具偏置 +/0
G02	a		顺时针方向圆弧插补	G52	#(d)	#	刀具偏置-/0
G03	a		逆时针方向圆弧插补	G53	f		直线偏移,注销
G04		*	暂停	G54	f		直线偏移 X
G05	#	#	不指定	G55	f		直线偏移 Y
G06	a		抛物线插补	G56	f		直线偏移 Z
G07	#	#	不指定	G57	f		直线偏移 X、Y
G08		*	加速	G58	f		直线偏移 X、Z
G09		*	减速	G59	f		直线偏移 Y、Z
G10~G16	#	#	不指定	G60	h		准确定位 1(精)
G17	c		XY 平面选择	G61	h		准确定位 2(粗)
G18	c		ZX 平面选择	G62	h		快速定位(粗)
G19	c		YZ 平面选择	G63		*	攻丝
G20~G32	#	#	不指定	G64~G67	#	#	不指定
G33	a		螺纹切削,等螺距	G68	#(d)	#	刀具偏置,内角
G34	a		螺纹切削,增螺距	G69	#(d)	#	刀具偏置,外角
G35	a		螺纹切削,减螺距	G70~G79	#	#	不指定
G36~G39	#	#	永不指定	G80	e		固定循环注销
G40	d		刀具补偿/刀具偏置注销	G81~G89	e		固定循环
G41	d		刀具补偿-左	G90	j		绝对尺寸
G42	d		刀具补偿-右	G91	j		增量尺寸
G43	#(d)	#	刀具偏置-正	G92		*	预置寄存
G44	#(d)	#	刀具偏置-负	G93	k		时间倒数,进给率
G45	#(d)	#	刀具偏置+/+	G94	k		每分钟进给
G46	#(d)	#	刀具偏置+/-	G95	k		主轴每转进给
G47	#(d)	#	刀具偏置-/-	G96	I		恒线速度
G48	#(d)	#	刀具偏置-/+	G97	I		每分钟转数(主轴)
G49	#(d)	#	刀具偏置 0/+	G98~G99	#	#	不指定

注：① #号：如选作特殊用途,必须在程序格式说明中说明。

② 如在直线切削控制中没有刀具补偿,则 G43 到 G52 可指定作其他用途。

③ 在表中(2)栏括号中的字母(d)表示:可以被同栏中没有括号的字母 d 所注销或代替,亦可被有括号的字母(d)所注销或代替。

④ 控制机上没有 G53 到 G59、G63 功能时,可以指定作其他用途。

附录 B 辅助功能 M 代码

代 码	功能开始时间		功能保持到被注销或被适当程序指令代替	功能仅在所出现的程序段内有作用	功 能
	与程序段指令运动同时开始	在程序段指令运动完成后开始			
(1)	(2)	(3)	(4)	(5)	(6)
M00～M12		*		*	程序停止
M01		*		*	计划停止
M02		*		*	程序结束
M03	*		*		主轴顺时针方向
M04	*		*		主轴逆时针方向
M05		*	*		主轴停止
M06	#	#		*	换刀
M07	*		*		2号冷却液开
M08	*		*		1号冷却液开
M09		*	*		冷却液关
M10	#	#	*		夹紧
M11	#	#	*		松开
M12	#	#	#	#	不指定
M13	*		*		主轴顺时针方向,冷却液开
M14	*		*		主轴逆时针方向,冷却液开
M15	*			*	正运动
M16	*			*	负运动
M17～M18	#	#	#	#	不指定
M19		*	*		主轴定向停止
M20～M29	#	#	#	#	永不指定
M30		*		*	纸带结束
M31	#	#		*	互锁旁路
M32～M35	#	#	#	#	不指定
M36	*		#		进给范围1
M37	*		#		进给范围2
M38	*		#		主轴速度范围1
M39	*		#		主轴速度范围2

代　码	功能开始时间		功能保持到被注销或被适当程序指令代替	功能仅在所出现的程序段内有作用	功　能
	与程序段指令运动同时开始	在程序段指令运动完成后开始			
(1)	(2)	(3)	(4)	(5)	(6)
M40～M45	#	#	#	#	如有需要作为齿轮换挡,此外不指定
M46～M47	#	#	#	#	不指定
M48		*	*		注销 M49
M49	*		#		进给率修正旁路
M50	*		#		3 号冷却液开
M51	*		#		4 号冷却液开
M52～M54	#	#	#	#	不指定
M55	*		#		刀具直线位移,位置1
M56	*		#		刀具直线位移,位置2
M57～M59	#	#	#	#	不指定
M60		*		*	更换工件
M61	*		#		工件直线位移,位置1
M62	*		*		工件直线位移,位置2
M63～M70	#	#	#	#	不指定
M71	*		*		工件角度位移,位置1
M72	*		*		工件角度位移,位置2
M73～M89	#	#	#	#	不指定
M90～M99	#	#	#	#	永不指定

注:①＃号表示:如选作特殊用途,必须在程序说明中说明。

②M90～M99 可指定为特殊用途。

参 考 文 献

［1］黄庆专,刘杰,庞军.数控加工技术［M］.西安:西北工业大学出版社,2017.

［2］杜国臣.机床数控技术［M］.北京:机械工业出版社,2017.

［3］从娟.数控加工工艺与编程［M］.北京:机械工业出版社,2008.

［4］陈展福,徐海波.数控加工技术［M］.重庆:重庆大学出版社,2016.

［5］李体仁.数控加工与编程技术［M］.北京:北京大学出版社,2011.

［6］李英平.数控编程与操作［M］.北京:北京大学出版社,2012.

［7］卢红,王三武,黄继雄.数控技术［M］.北京:机械工业出版社,2010.

［8］董玉红.数控技术［M］.北京:高等教育出版社,2012.

［9］耿晓明.MasterCAM X4 项目化教程［M］.北京:科学出版社,2014.

［10］胡仁喜,刘昌丽,董荣荣.Mastercam X4 标准实例教程［M］.北京:机械工业出版社,2013.

［11］李波,管殿柱.Mastercam X 实用教程［M］.北京:机械工业出版社,2013.

［12］王瑞东.Mastercam X 造型设计基础与实践［M］.北京:机械工业出版社,2011.